人工智能
会毁灭人类吗？

[日]儿玉哲彦 著　刘浩瀚 译

海峡出版发行集团 | 鹭江出版社
THE STRAITS PUBLISHING & DISTRIBUTING GROUP | LUJIANG PUBLISHING HOUSE
2019年 · 厦门

图书在版编目（CIP）数据

人工智能会毁灭人类吗？ /（日）儿玉哲彦著；刘浩瀚译 . —
厦门：鹭江出版社，2019.12
ISBN 978-7-5459-1562-4

Ⅰ . ①人…　Ⅱ . ①儿…　②刘…　Ⅲ . ①人工智能—研究
Ⅳ . ① TP18

中国版本图书馆 CIP 数据核字（2019）第 013308 号

著作权合同登记号
图字：13-2018-082

RENGONG ZHINENG HUI HUIMIE RENLEI MA？

人工智能会毁灭人类吗？

［日］儿玉哲彦　著　刘浩瀚　译

出版发行：鹭江出版社
地　　址：厦门市湖明路 22 号　　**邮政编码：**361004
印　　刷：三河市兴博印务有限公司
地　　址：河北省廊坊市三河市杨庄镇大窝头村西　　邮政编码：065200
开　　本：880mm × 1230mm　1/32
插　　页：2
印　　张：8.5
字　　数：182 千字
版　　次：2019 年 12 月第 1 版　　2019 年 12 月第 1 次印刷
书　　号：ISBN 978-7-5459-1562-4
定　　价：39.80 元

如发现印装质量问题，请寄承印厂调换。

写在前面

现在，让我们一起来试着简单想象一下2030年的世界将会是什么样的。我们现在的生活与工作在那个时候将会变成什么样子呢？而又是什么促成了这样的变化？是经济，还是国际政治？可能都不是，又可能都是，无论怎样，这些要素都必然会给2030年的世界带来相应的影响。

那么我们换个角度来思考一下，15年前的世界同现在最大的不同是什么呢？日本经济在这期间依旧疲软，毫无起色。“9·11事件”的发生让世界意识到了恐怖主义的危险并随即展开了同恐怖主义的斗争。

你也许会觉得，与15年前相比现在并没有发生什么大的变化，但如果我们看一看15年前的照片或者视频等音像资料，就会发现15年前的世界同现在有一个至关重要的不同点——谁都没有拿着智能手机。

进入21世纪以来，智能手机和网络给我们的生活带来的深刻变化，是其他东西无法匹敌的。曾任索尼总裁的出井伸之曾明确表示，网络是毁灭旧产业的陨石。

现在，在IT世界里正在上演着一场思想范畴的革新。这场革新甚至拥有比智能手机和互联网更为惊人的力量。处在这场革新中心的便是人工智能技术——让机器像人类一样感知、思考并付诸行动的技术。

对人工智能的研究在20世纪中叶之前一直都不太引人注目。近几年，人工智能技术的开发取得了飞跃进展。人工智能已经可以实现人类水平的认知和思考其所见所闻（人工智能已经可以像一个普通人一样去看、去听、去认知和思考），并可以驾驶汽车，甚至出现了在难度系数较高的工作或是游戏中胜于人的案例。

人工智能的“智慧”究竟能够发展到什么地步？人类的工作最终是否都会被人工智能所替代呢？在这之后，又是否真的会像《终结者》系列电影中演绎的那样，人工智能将试图“终结”人类呢？这样的担心和不安，已经渐渐地从虚幻缥缈的科幻小说世界中走了出来，成为我们在日常生活中一种实实在在的感受。

本书中，我将试着就以下两个问题给出答案：人工智能将会给我们的生活和工作带来怎样的影响？人类该如何面对人工智能，如何与人工智能和平相处？

实际上，我并不是人工智能领域的专家。从十多岁的时候开始到现在的20多年里，我一直从事着用户接口及用户体验提升，也就是处理和提升人与IT之间关系的工作。取得博士学位后，我担任过IT企业的产品经理，也创办过IT产品开发的咨询公司。

在工作过程中，我接触到了包括智能手机、互联网在内的各个前沿领域，以及虚拟现实技术和机器人等前沿技术，也了解到了人工智能等各类IT相关产品的更新换代和发展动向。

在本书中，较之阐述人工智能在技术层面的实现原理，我更想聚焦于人工智能作为IT这一领域内未来发展前景的一部分，如何更为合理地构筑人工智能与人类之间的关系。

因此，本书以一个2030年正在读大学的普通女生玛丽学习人工智能开发百年历史为主线展开。每一章开始的部分都会先描绘2030年人工智能已经实现后世界的样子，然后再对支持这一现状的历史背景和技术发展予以详解。

人工智能与智能手机和互联网等相关IT领域，在其形成和发展的过程中有着超乎我们想象的密切联系。在IT发展的历史中，开发者们循着各自的理想和信念创立了人工智能，或者说个人电脑等的设计思想。只有在了解这一部分历史的基础之上，我们才能理解现在和未来的人工智能。

这一研究和发展的过程中，开发者们对于个人理想和信念的执着追求在某种程度上与对宗教领袖的崇拜有一定相通之处。他们所追求的终极目标是创造出一种机器，这种机器拥有可以像人类一样去感受和思考的心。

本书分为两部：

在第一部《电脑的创世记》中，我将与大家一起翻阅一部并不算厚重的历史书，书中讲述了IT技术是如何被创造出来的，以及电脑、智能手机是怎样成为我们日常生活中密不可分的一部分的。这一部将围绕数学天才图灵的故事展开。图灵虽然发明了电脑与人工智能的概念，却有着悲惨的人生结局，如同亚当和夏娃偷食禁果而被逐出伊甸园一般。

第一部主要是针对现在的年轻人而作，虽然电脑和手机已成为他们生活中不可或缺的部分，但他们可能对于电脑发展至今的历史并不熟悉。这部分是人工智能发展的大前提和背景，如果您对这一部分历史比较熟悉，可以直接从第二部开始阅读。

在第二部《人工智能的启示录》中，讲述了高速发展的人工智能渐渐变成了神一样的存在，给我们的生活和工作带来了翻天覆地的变化，进而步步紧逼直至“最后的审判”的到来。人工智能最后究竟是会拯救我们于危难之中，还是会将我们推向毁灭呢？

为了解开这些谜团，就让我们和玛丽一起开始一段跨越百年的时空旅程吧！相信在这趟旅途的终点，玛丽和正在读这本书的你都会找到如何去面对人工智能的答案。

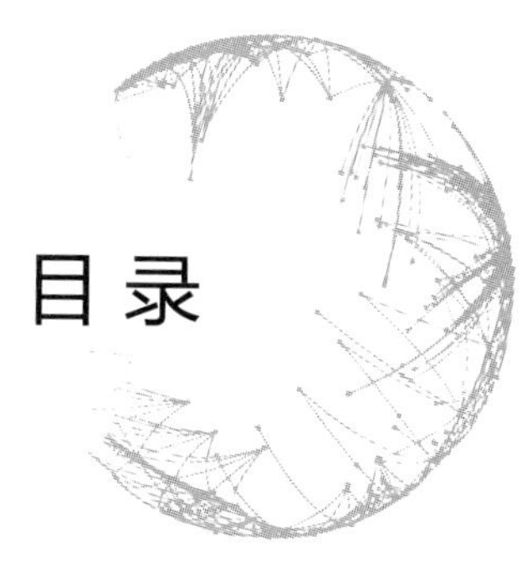

目录

序章___001

第一部 电脑的创世记

第 1 章　人类能够创造出有心的机器吗?

电脑开发划分了世界的命运___020
思考本身就是区分——数字化信息的诞生___022
电脑将模仿其他机器，甚至模仿人类___024
伸手触碰禁果的男人的失乐园___026
“火星人”博士为何醉心于开发氢弹？___028
让 iPhone 实现运行 100 万个应用的男人___030
世界大战中孕育出的比原子弹更可怕的怪物___031

第 2 章　机器究竟能带给人类多大的智慧?

叛逆儿们孕育出的个人电脑___038
挑战创造智慧这一神的领域___039
在挑战中越来越遥远的目标——人工智能___042
创造出个人电脑的“方舟”___044
摩尔定律——去生养，去繁衍，去填满这大地吧！___048
为了逃离这厌恶的世界，我们开始使用致幻剂___050
复印店店家没能理解的大发明___052
终于迎来收获的果实——苹果（Apple）___057
由叛逆的象征到日常生活的伙伴___059

第 3 章　互联网在云端编织地球神经网

一个被互联网连接起来的世界___068
脑科学家播下互联网这颗种子___069
如果世界上仅有一台传真机……___072
赛博空间——科幻小说预言的实现___076
万维网（Web）是蜘蛛的巢——这是一个误会！___078
谷歌的问世——以实现通过云端知晓世界为目标___083

第 4 章　智能手机是如何占领我们的口袋的?

比剑更强大的是笔，比笔更强大的是手机___094
伴随着预言家史蒂夫 · 乔布斯的放逐而诞生的掌上电脑___095
史蒂夫 · 乔布斯挑战的“下一个”种子___098
嬉皮士与好莱坞在沉睡后孕育出的白皮肤的音乐家___101
“心的社会”是世界上第一个成功运行的移动互联网设计___106
脑科学引导了掌上电脑的成功___108
“上帝的电话”iPhone 改变了一切___111
选择智能手机近似于信仰的告白___115

第二部
人工智能的启示录

第 5 章　人工智能真的能超越人类吗?

与人类智慧比肩的人工智能终于稳步实现中___124
继承了个人电脑血统的 Siri___126
沃森——人工智能成为问答王的那一天___132
模仿人类神经系统的神经元网络___138
神经元网络之王——杰弗里 · 欣顿___143

欣顿与“圆桌骑士”们的快速进击___147
深度学习——模仿人类理解含义的能力___149
深度学习是实现人工智能的“圣杯”吗？___153
人工智能终于走进了我们的生活___155

第 6 章　物联网与人工智能带来的 2030 年社会

在机器代替我们作出判断的时代里，我们真的还是自由的人吗？___164
2030 年实现人工智能的“七大封印”___165
被大数据化的生活——你无法躲过上帝的眼睛___180
健康与医疗——100 岁去世都还太年轻___183
安全与安心——抓住那个恶魔___187
环境与资源——人工智能能否战胜环境危机？___189
工作价值的反转——莫拉维克悖论___191
最先发生变化的脑力劳动___193
会听会看的人工智能——模型化信息的处理___195
带着身体出生的人工智能___197
交通和物流——人类驾驶这件事本身就太危险了___199
人工智能和机器人会夺走我们的工作吗？___203
以自由的个体为前提的近代社会将会终结___203

第 7 章　人工智能究竟会拯救我们还是毁灭我们?

人工智能将会终结人类所熟识亲切的这个世界__212
数码信息不断改变着我们的世界__214
奇点马上就会来临__217
真的能够创造出心吗？__222
人工智能对我们“最后的审判”__232
重回乐园__235

尾声__239
参考文献__247
后记__257

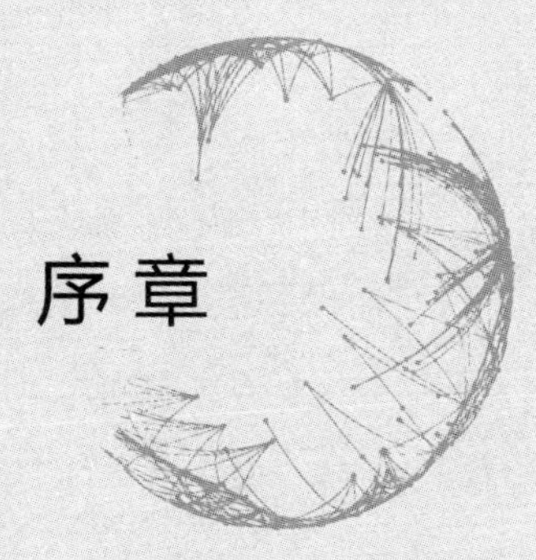

序章

我做了一个不可思议的梦。这梦完全像怪兽电影一样。

在一条巨大的飞龙率领下，多头猛兽以及恶魔骑兵队、成群的人面虫向我们袭来。周围的人一个接着一个死去。那场景完全就像是迎来了这个世界的终结。

就在这时，身着白衣、骑着白马的指挥官率领着一支军队从天而降，将怪兽们一举击溃。然后，指挥官将飞龙关入监牢，自己成为这个国家的主人，进而维持了千年的和平。

千年终结之际，所有逝去的人都将重生，白衣人手中拿着记录了每个人品行善恶的书册，根据这书册中的记载对这千年间的人们进行审判，决定每一个人是去向天国还是被投入地狱烈火。

审判终结之后，天空、陆地、大海全都消失飞散。然后……

“玛丽，起床啦！玛丽！已经早晨了！”

“皮特，我还很困啊，再让我睡一小会儿！”

“不行！不是约好了今天一大早去见指导教授吗？如果 29 分 32 秒后我们还未从家里出发的话，就来不及了！”

“好啦好啦，我知道啦，这就起来了。啊哟！真是的，就是因为你们这些机器是没有感情的东西！”

玛丽揉揉艰难睁开的双眼，只见空中飘浮着巨大的时钟全息投影，时刻提醒着她时间之紧迫。这投影来自一旁那只呈现着水蓝色猫样子的皮特。现在是 2030 年 7 月 1 日，上午 7 点 30 分。确实，洗漱、收拾、出门，这个时间一点都不富余。

而且，今天是因为毕业论文的事情被指导教授叫过去的，好好整理一下仪容仪表还是没坏处的。即便是这样也真是做了一个奇怪的梦啊，肯定是因为昨天陪朋友力克看了那部叫《终结者》的老电影才做了这样的梦。电影到了这家伙那儿就只剩科幻片和动作片了。

穿好了衣服，化好了妆，虽然对今天与导师的会面没什么兴致，但我还是不得不出门了。

“皮特，要走了！”

“好的。”

皮特朝我飞来，从一只猫变身成一个手环缠在了我的手腕上。皮特是一个智能辅助设备，通称 A.I.D。从高中时候买了最初版本的设备以来，就一直在我身边，所以关于我的所有事情他都一清二楚，简直比男朋友还要了解我（虽然我还没有男朋友）。

因为他会像爸妈一样事无巨细地碎碎念，所以有的时候我会觉得他很烦。即便如此，现在每个人都沉迷于 A.I.D，我甚至无法想象在这个世界上还没有 A.I.D 的时候，人们是怎么生活的。我一边走着，一边问皮特：

“今天我有些着急，要不坐共享汽车吧。看看有没有合适的共享汽车啊。另外，甲州街道[1]现在会不会堵车啊？”

“好的。刚好有一辆共享汽车将在7分24秒后通过甲州街道！现在车上已有三名乘客，一名是公司职员，是个中年男性，另外两名是女高中生。今天我们出门还算比较早，所以现在路上还不是很堵。”

“好嘞。那帮我预约一下这辆车吧。”

8分钟后，我与三位素未谋面的乘客一起坐在了同一辆洁净明亮的银色汽车里。中年男子在自己的A.I.D上读着新闻，两名女高中生在玩游戏。

共享汽车是最近十年左右普及起来的拼车式出租车系统，与从前的出租车有明显的区别。

在共享汽车上并没有司机。更确切地说，每一辆共享汽车的“司机”都是存在于共享汽车中心的电脑。根据实时汇集到调度中心的出行需求，选择最高效的运行路径来运送乘客。费用是根据每位乘客实际乘坐的距离来计算，并由同行的所有人来分摊的，由于省去了司机的费用，这样的共享汽车更加便宜。

其实现在还在坚持自己开车这种危险行为的人已经是“稀有生物”了。万一发生了事故，人类司机也并不能享受巨额保险。

我看向窗外，2020年东京奥运会时的主场馆东京国家体育馆巨大的屋顶映入眼帘。这体育馆的设计总给人一种潦草敷衍之感。快到

---

1 甲州街道：日本江户时代的五条大道之一，现指经过日本东京新宿的主要干道。

我就读的J大学所在地四谷了。

“皮特，为什么那个体育馆要选择那样一种略显奇怪的设计啊？”

“现在就为你查询，请稍等。嗯，据说最初是选择了一种更为夸张的设计，但后来得知那需要很高的预算，所以突然撤换了设计方案，建成了现在这个样子。”

“唔，原本选择的设计方案是什么样的呢？”

皮特的眼睛一闪，便在我的视网膜上全息投影出了原始设计方案的3D图像。我通过手的动作，便可以控制全息投影的体育馆，将其放大或缩小，或者变换观察角度。原本的设计方案真是大胆而前卫啊，看起来确实比现在的体育馆要多花不少钱。东京奥运会的时候我曾和家人一起去了现场，当时我还是小学生，第一次如此近距离地看奥运会让我十分兴奋。没有一丝信仰宗教之心的我之所以在考大学时选择了现在就读的这所教会大学，记忆中残留的当时来这个体育馆的印象，很可能是最大的原因。

在确认我安全下车后，共享汽车便继续前行。

“行驶距离13.2公里，共计978日元。”皮特说道。

刚好快到约好的时间了。我迈着沉重的步伐走向中岛教授的研究室。研究室的门上挂着一块板子，上面有几个用毛笔写的大字：“文学部历史学科中岛研究室”。中岛老师毕竟是研究历史的老师，他很喜欢那些有年代感的东西。听说他因为不喜欢A.I.D，到现在还在用智能手机。我毕恭毕敬地敲了敲门。

“请进。”

我打开了这扇吱吱作响的老旧的门。整间屋子堆满了纸质的书籍，这在这个时代十分少见，也显示出了屋子主人独特的追求和执念。眼睛略向上吊的中岛教授坐在屋子的最里面。他的耳朵尖尖的，让人一下子就联想到科幻小说中外星人的模样。中岛教授的视线从手中那本非常厚的书上慢慢移向我这边。

“玛丽同学，你这是自平成以来第一次来我的研究室吧，不，昭和以来吧。”

“久疏问候，实在是万分抱歉。”

“你毕业论文的题目定好了吗？”

“还、还没有……我才刚刚结束我的毕业求职季。”

“但是早就已经过了截止日期，赶紧决定一个题目交上来。再这样下去你就要在我门下作为一个留级生‘名垂青史’了。就这些，没事就可以先走了。”

说完教授便回到他的书本世界里去了。看起来这双尖尖的耳朵无论如何也不会听得进去我的解释了。

从研究室出来，我步履沉重地走在早晨人影稀疏的校园里。

“完蛋了，好不容易拿到了公司的录用意向书，这样下去少了毕业论文的学分就要毕不了业了，当然公司的录用也泡汤了。真是太倒霉了！我到目前为止从没认真做过研究，现在却突然让我想个研究题目……”

“皮特曾发出多次提醒，但是玛丽都没有听，直接关掉了提醒。”

“因为当时正着急找工作，没时间考虑这些事情啊！唉，完了。

我是不是应该找负责生活指导的神父去谈谈啊？”

此时，皮特突然大声响起了 20 世纪风格的摇滚乐——这是力克的来电铃声。

玛丽允许通话后，力克的全息投影便立刻浮现出来。

“呦，玛丽！”

“早啊。大早晨的这是怎么了？”

“没什么事情就不能给你打电话了吗？我是想看看你在干什么呢！”

我不由自主地笑了起来。我与力克是在找工作最热火朝天的时候，参加同一家公司的小组面试时认识的。虽然两个人都没有通过那家公司的面试，但因为我们想从事的职业大体相同，所以熟络了起来。

力克明显是对我有好感，总是笑嘻嘻的，而我却没有明确表态，但是难抵两人几乎共享相同的生物钟。他知道我一天的心情总是从早晨开始越来越差，总是惦记着我。

“我实在是定不下来毕业论文的题目……今天早晨还被导师训了。再这样下去我可能要留级了。快帮我想想办法啊！”

“这可真是危险了。但是对于历史方面的研究题目，我真是摸不着头脑啊。对了，你可以让皮特帮你想一想啊！”

“你忘了吗？为了不让我们利用 A.I.D 在大学学术研究和考试中耍小聪明，学校给他们都上了锁的呀。”

“真傻，这不是有可以解锁的方法了吗！我在大学里认识的人告诉我的。”

“啊，这真的能行吗？”

“只要不被学校知道就没问题的。据说只要下载一个拓展程序就可以了。为以备不时之需，我已经要到了下载链接。现在就转发给你。”

“下载这样的程序真的没事儿吗？你在你的哈雷上试过了吗？”

“那倒还没有。但应该是可行的。你现在不是十万火急吗？”

“话倒是这么说……”

算了，不妨一试。只要能让皮特帮忙想想，一定能想到一个不错的题目。

“皮特，从力克发送来的链接里下载那个程序。”

“玛丽，这可是个来源不明的程序啊。下载了这样的程序可不知道我会变成什么样子的啊。”

“即便是出现了什么状况，只要删除了不就好了吗？好了好了，先安装一下试试看。”

“明白了。但是不知道结果会变成什么样。正在下载中，10%、20%、30%……下载即将完成。”

“怎么样？”

“……”

皮特的样子有些奇怪。

“皮特，你还好吗？力克你快看，他这是怎么了？这个程序好像把他搞坏了！”

“嗯？怎么会这样？应该没有问题的啊。喂，皮特，你振作一点，现在还可以卸载程序吗？”

皮特突然飞了起来，下了命令也没有反应，自顾自地播放出许多全息投影。投影的内容是飞龙、怪兽和王国——是今天早晨我做梦的内容。

“皮特，你怎么了？快停下来！”

皮特没有停下来。现在我身边出现了数百人，还有无数从地下复苏的僵尸。周围的学生都聚集过来。

“这都是些什么？”

“到底是怎么了？”

我觉得太丢人了，大声喊道：“够了，够了，真的！快停下来！”

接着，皮特突然发出一道刺眼的光，我不自觉地闭上了眼睛。当我再次睁开眼睛时，全息投影已经消失了，皮特眼中的光也消失了。

“皮特！快醒醒，皮特！”

我拼命地按着皮特的开关。然而，他眼中的光再也没有亮起来。

这究竟是什么情况？我最好的搭档，在这一刻死了。

第二天，我去大学旁边的教会见了生活指导哈维尔神父。力克给我打了很多通电话我都没有接。也该让他反省反省了。

“神父，您不觉得力克很过分吗？竟然让我去安装那种有病毒的程序！”

“你不是也想用那样的程序来作弊的吗？如果不好好在神前忏悔，就会受到惩罚的。”

“对不起。但是，我真的是被逼得只有这么做了……”

哈维尔神父是从西班牙来的，已经在这所大学里担任生活指导数十年了。我并不是基督教的信徒，神父却愿意倾听我的烦恼，我也能从中寻求慰藉。最重要的是，向神父讲过的事情，他不会像普通朋友那样转头告诉别人。所以，我可以安心地把心里的事情都讲给神父听。

“是啊是啊！那个时候我也提醒过你，发出过警告啊！”

在教堂彩绘玻璃的一侧传来抱怨声——是皮特。昨天皮特的系统崩溃之后，从云端备份的数据中将系统重建了，但系统崩溃前 30 分钟左右的记忆消失了。

“能够这样复活难道不是已经很好了吗？仅仅是丢失了 30 分钟的记忆，其他的都有好好备份，还能复原。”

哈维尔神父眉头紧锁，神情凝重。

“话虽如此，在死了一次之后，第二天又可以复活，这简直就像那位一样啊……哈利路亚，说出这样的话我要遭到惩罚了。”

我有些想不明白了。

“神父，您怎么能这样想？但是，这件事情中有一个地方我很在意，想不明白。”

“是什么事情？”

“我一直以来都把皮特当作真正的人同他相处，他就像是一个朋友或者是家人一样，像所有有血有肉有心跳的人一样。”

皮特显然有些不高兴，身体发出青色的光来。

“那是嫌弃我没有心跳吗？”

“我现在有些搞不明白了。如果是人类，死掉了就是死掉了，是不可能从备份的数据中复活的。”

“抱歉，我想纠正一点，我也是有心的，只不过同你们人类的心不大一样罢了。”

哈维尔神父觉得自己该说些什么了。

“只有生活于天国的我们人类的父亲才能够用土块创造出有灵魂

的人类。一切主张这样的机器是有心的行为都是对神明的亵渎。虽然最近也有一些学者主张宇宙起源的奇点说[1]。"

听了神父的话，一个巨大的疑问涌上心头。如果照实询问神父的话，一定会惹得神父大怒——如果机器是没有心的，那么我们又能通过什么来证明人类是有心的呢?

我并没有将这一想法告诉神父，就这样离开了礼拜堂。我瞥了一眼左手腕上的皮特，只觉得心中的疑问被无限放大了。就在这时，我脑中灵光一现。

"玛丽，发生什么事情了吗？"

皮特好像注意到了我与平时不太一样。

"我要去找中岛教授。"

"什么？教授还在生气的可能性高达96%啊。"

"我知道！"

我再次来到研究室的门前，理直气壮、堂堂正正地敲了敲研究室的门。

"请进……啊，又是你啊。是不是已经定好了毕业论文的题目啊？"

"是的。我刚有了一个初步的想法。"

---

1 在不远的未来，随着人工智能等技术的发展，人类对于技术的理解和控制将变得困难，在这之后发生的事情将是无法预测的"奇点"问题。美国数学家、科幻小说家弗诺·文奇在20世纪80年代起开始使用这一词汇。进入21世纪后，随着同样来自美国的发明家雷·库兹韦尔的使用，这一词汇被广泛知晓。据库兹韦尔的预测，奇点将会在2045年左右到来。

“就别故弄玄虚了，快说说看。”

“我想研究一下 A.I.D 的历史。”

“A.I.D 的历史？ A.I.D 充其量也就是这十年左右才有的东西不是吗？这根本都不能称其为历史。”

“但是在 A.I.D 出现之前有过智能手机时代啊。我还听说在智能手机出现之前，人们是在用着一种叫电脑的东西。虽然我现在还不太清楚，但是之前也一定有类似于现在的 A.I.D 一样的东西吧。在使用 A.I.D 的时候我突然想到，这么方便的东西究竟是怎样发展到今天这种程度的呢？对于这一点我竟一无所知。肯定在最开始的时候不是现在这个样子的，一定是许多人经过长时间的开发和改进才发展成为今天这个样子的。因此，我想就这一部分做一个调查和研究。”

“嗯。简言之，你这个研究与其说是研究 A.I.D 的历史，倒不如说是研究人工智能的开发史，是吧？要是这样的话，倒是也可以称之为研究。”

“那我就研究这个问题了。”

“好吧。但是，由于你的题目定得太晚了，如果最后写出来的东西没有那么好，可能还是得留级。”

“我知道了……”

我走出了研究室。别的先暂且不说，毕业论文的题目定了下来，我终于安心了一些。从那时起我头脑中混沌模糊的目标，并不仅仅是要调查一项技术的历史这样单纯的一件事情。

我静静地看着皮特，思考着在他蓝色瞳孔的深处是否有同我们一样的心跳。或许正如哈维尔神父所言，只有神才能创造出有心、有灵魂的生物吧。然而，我真正想要弄清楚的却是同神父交谈时浮现出的那个疑问：我们真的可以创造出心吗?

就这样，我踏上了探求奇点问题的旅程，也就是追寻如何创造心的旅程。

那时的我还不知道，这将会是跨越百年，连接过去与未来的漫长旅程。

第一部

电脑的创世记

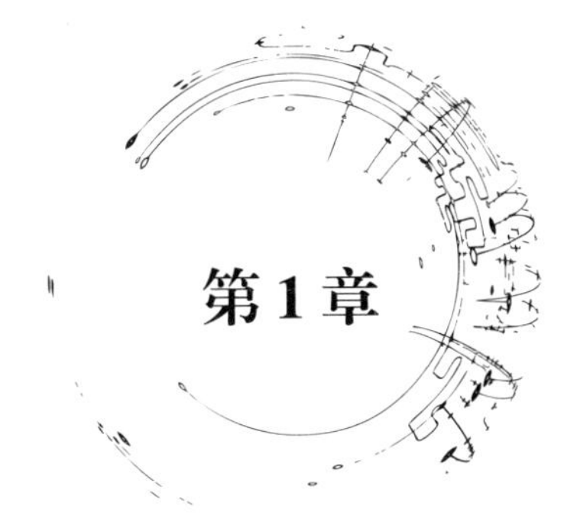

第 1 章

人类能够创造出有心的机器吗？

我立即走向了大学的多媒体中心，在多媒体中心门口站定，深呼吸后才推开了门，并通过皮特认证了我的学生身份。

从前的图书馆虽然仍保留在校园里，但现在基本上已经只是相当于纪念碑一样的存在了。我们一般在多媒体中心开放区域里什么都没有的桌子上学习。如果你走进这个区域，就会发现大家都在通过全息投影与自己的 A.I.D 玩闹着。旁观者无法看到全息投影的内容，所以会觉得有点好笑。由于大家都在与自己的 A.I.D 交流，与以往的图书馆相比，现在的多媒体中心显得有些吵闹。

我冲了一杯咖啡，在靠近角落的位置占了一个座位，在面前什么都没有的桌子上打开了自己的全息投影。

“好了，这就尽快着手做吧。中岛老师也说了，人工智能的历史并没有多长。10 年？ 30 年？”

“有关人工智能这一想法最早的资料，嗯，虽然具体时间无从知晓，但大体在 3500 年前到 2500 年前之间就已经有人有了这样的想法。”

“3500 年前？等一下！在这么古老的资料中记述了人工智能的内容是怎么回事啊？那个年代连电脑都还没有吧？”

“当然不是说那时候起就已经有电脑了。但是，想要创造出和人一样能够在自己意志的支配下行动的东西这一想法在更为古老的时代就已经存在了。在一本名叫《圣经》的书中，开始的部分就写到了神用尘土创造人。”

“我就说嘛，原来是这么回事儿。别吓我啊。我读的大学虽然是个教会大学，但我并不是基督徒啊。”

“话虽然这样说，但是其实也就是说人类想要创造出类似于人类的东西这一想法很早以前就存在了。19 世纪初，玛丽·雪莱发表小说《科学怪人：弗兰肯斯坦》更是践行了这一想法。同时，那个年代鲜有的女性数学家阿达·拜伦与发明家查尔斯·巴贝奇想要一起尝试开发一种能够预测赛马结果的机器。这种机器其实就相当于现在的电脑了。而这位女性数学家阿达·拜伦同时也是雪莉的闺中好友。”

“我看过由《科学怪人：弗兰肯斯坦》改编的电影，讲的是一个人造人反抗人类的故事。皮特你可不能跟这部电影里的人物学坏哦……最后阿达和巴贝奇创造出他们想要的机器了吗？”

“没有，俩人当时的设想是设计一个能够先进行计算再根据计算结果做出预测的机器，但由于当时的技术水平的限制没能实现。这距电脑被设计完成至少还有 100 年的时间。”

“这么说来，那就是 20 世纪的前半叶了，距今 100 年左右。我的毕业论文从这个时候写起就可以了。因为如果没有电脑，想要创造人工智能也只是天方夜谭罢了。那我就先了解一下最早创造出电脑和人工智能的人吧，你先告诉我关于这些人的事情吧。”

“电脑这东西相当的复杂，很难断言是哪一个人创造了它，它是在某一时期由很多人协力创造出来的东西。如果一定要列举出一个人，就是英国人图灵[1]。图灵提出了电脑和人工智能领域的基本设想，并且在当时抗击德国纳粹的斗争中发挥了重要作用。至今图灵这一名字还在‘计算机界的诺贝尔奖’图灵奖中被保留了下来。”

“啊，竟然有这样的人。那他一定也像谷歌创始人和 A.I.D 发明人一样挣足了钱，飞黄腾达了吧？”

“事实并不如此。图灵晚年遭遇不幸，继而沉浸在阴影中，传言最后是自己吃下了毒苹果结束了一生。”

“他毕竟是发明了电脑的人啊，为什么会有这么悲惨的结局呢？”

吃掉苹果后死去。总觉得是在哪里听过的故事一样。啊，是在哈维尔神父推荐我去参加的《圣经》读书会上听到的，虽然这并非出于我个人的兴趣。

确实，生活在伊甸园中被神创造出来的人类，由于在蛇的怂恿之下偷食禁果而被逐出伊甸园。那个禁果不就是苹果吗？

1　图灵（Alan Mathison Turing）：英国数学家、逻辑学家。他提出的图灵机模型为现代计算机的逻辑工作方式奠定了基础。他还提出了判定人工智能具有可实现性的图灵试验方法。

电脑开发划分了世界的命运

1945年，美国新墨西哥州洛斯阿拉莫斯国立研究所进行了一项改变世界的实验。这项实验被称为“Trinity”，这个单词在基督教中意味着“三位一体”。这项实验一经实施，即便是在16公里外的观测点也能感受到爆炸光束的炫目。爆炸后，天空中升起巨大的蘑菇云。

这便是原子弹第一次爆炸的瞬间，而这在日后为世界带来了深重的灾难。在这之后短短不到一个月的时间，原子弹就被投放到了日本的广岛和长崎，同时也终于为太平洋战争画上了休止符。

有一个人紧张而又兴奋地见证了这整个过程。他就是数学家冯·诺伊曼[1]，他为实现核武器爆炸进行了相应的数学计算。并且，他还发明了至今仍为几乎所有计算机沿用的冯·诺伊曼计算机以实现这一过程中产生的庞大计算。在这一类型计算机上冯·诺伊曼创制了几乎所有电脑都在使用的数学范式。

1 冯·诺伊曼（John von Neumann）：美国数学家，原籍匈牙利。开创了现代电脑运作原理的冯·诺伊曼计算机，为原子弹的研制做出了贡献。

如前所述，电脑被创造出来的时候，整个世界正被第二次世界大战的阴霾所笼罩。20 世纪 30 年代前期纳粹势力在德国抬头，随即在德国国内确立了独裁统治体制。1939 年德国闪击波兰，点燃了二战的导火索，拉开了二战的序幕。

20 世纪 40 年代德、意、日三国同盟成立。第二年，随着日本偷袭珍珠港，美国也正式宣布参战。整个世界都卷入了战争的旋涡。

二战对电脑的开发产生了决定性影响。正如上文中提到过的，在开发原子弹的过程中产生了庞大的计算，为了解决这一难题，计算机应运而生。相同的，另一个贡献巨大的事例便是密码的破译。

德国在二战期间使用了号称当时世界上性能最好的加密装置——恩尼格码密码机来对通信加密。这个时候，就不得不提到另一位电脑发明者图灵了。他利用电脑实现了对恩尼格码加密的破译，这也成为同盟国能够取得最终胜利的一大助因。

虽然创制炸弹与解读密码机在具体运作上差异巨大，但是冯·诺伊曼和图灵试图利用电脑实现的功能有一个相通之处，那就是通过模拟其他机器的运行过程，来实现预测的功能。图灵曾预言，像这样拥有“思考能力”的电脑，将很快获得超越人类智慧的智能。人工智能的历史由此开始。

然而，讽刺的事实是，可以称得上是改变了世界的图灵和冯·诺伊曼二人均死于非命。由此看来，人工智能对人类而言是否真的是不该伸手触及的禁果呢?

思考本身就是区分——数字化信息的诞生

英语中“computer”这一词汇原本是指“计算机”。我们在日常使用智能手机或个人电脑时大概都不太会注意到，其实在机器内部是在进行着“计算”的——可能也就是在使用 Excel 的时候才会真的感觉是在“计算”吧。现代电脑与其说是用来做“计算”，倒不如说是作为处理文字、图像及动画等各类信息的机器来使用的。

想必大家都听说过，电脑处理的信息都是通过“比特”这个单位来标识的。比特就是用“1”和“0”来表示信息状态的二进制的单位。电脑仅仅通过这样的“0”与“1”的组合就能实现表达所有信息的功能。这些信息包罗万象，小至《圣经》的文章、公司的账簿，大至《星球大战》的影像资料。

20 世纪 30 年代，二战爆发前不久，大多数的机器都是通过电路来控制的。当时还没有确立相应的理论，电话的通信线路交换还是依靠职员的手动操作来完成的。

此时，就读于美国马萨诸塞州波士顿麻省理工学院（MIT）的一个十分年轻的研究生发表了自己的研究生毕业论文。这篇论文很好地解决了这一问题，引起了一阵轰动。这个研究生名叫香农[1]，他也是为初期人工智能开发做出很大贡献的数学家。

1　香农（Claude Elwood Shannon）：美国工学家、数学家，信息论的奠基人。

早在香农发表硕士论文的100年前就已经有一位名叫布尔[1]的数学家提出了将人类理性思考过程用数学算式表达的布尔代数理论，这一理论是建立在所有理性思考都能够通过“0”和“1”的组合变换表达出来的二进制理论基础之上的。布尔代数理论的提出使得一直以来被认为是哲学领域问题的理性思考这一问题，第一次实现了数学式的思考和讨论。

香农注意到了在电路中可以通过开与关的组合来控制和表达电路是闭合还是断开这两种状态。进而，沿着这一思路再套用布尔代数的理论，香农提出了能够控制电路的数学理论。也正是因为有了香农的这篇硕士论文，人类第一次实现了按照自己的意愿对电路进行控制，也是基于这一理论使得数字电脑和数字通信机的制造成为可能。

二战后，香农进一步发展了这一关于电路的思考。他通过将更多“0”和“1”的组合，也就是比特的组合，提出了能够实现表达所有信息内容并进行通信的信息论。

香农这些研究和理论的提出对当时致力于电脑开发的图灵与冯·诺伊曼的研究进展带来了巨大的影响。图灵和冯·诺伊曼的电脑中也同样采用了比特的数字方式。不仅如此，就连我们现代社会电脑和互联网中处理的几乎所有信息都是采用香农提出的比特来实现的。

1　布尔（George Boole）：19 世纪英国数学家、逻辑学家。他提出了将理性思考进行数字化表达的布尔代数这一理论。

布尔还是一位默默无闻的数学教师时，就提出了人类的理性思考也可以通过“0”和“1”的二进制状态来表达，但是，在当时这一理论的意义几乎没有被世人所理解和领会。

然而，从现在的结果来看，布尔代数成为现代电脑和人工智能的理论基础。《圣经》在讲述神创造世界的故事时是从神在混沌的世界中将光明与阴暗区分这一举动开始的。相同的，这一区分的举动在创造数码宇宙时同样发挥了决定性的作用。

电脑将模仿其他机器，甚至模仿人类

德国在欧洲宣战以后，以破竹之势接连占领了挪威和法国并持续展开进攻态势。当时的德国之所以能够取得如此战果，很大程度上得益于它所拥有的领先于世界的军事技术。在众多技术之中，不得不提到的还是恩尼格码密码机。

恩尼格码在德语中的意思是“谜”。当时这一密码机被用于对电信通信过程加密，没有任何机器能够成功地对其加密进行破译。英国领导下的同盟国一方在德国的迅猛攻势下陷入十分被动的境地。此时，能否实现对德军作战行动通信的监听，成了能否逆转形势的关键。

1939 年，英国政府将当时代表国家水平的密码专家们召集到伦敦郊外的一个叫布莱切利园的宅邸，研究破译恩尼格码密码。其中包括年轻的数学家图灵。

图灵虽年纪尚轻，但其业绩得到了世人的肯定。当时图灵正在美国普林斯顿高等研究院留学，在自己祖国遭遇危机之际，他果断拒绝了周围人的挽留，毅然回到英国。图灵赴任不到半年，就成功开发出了能够部分破译恩尼格码加密的机器。图灵对该机器进行不断的改良和调整，最终帮助英军掌握了德军的作战情报，实现了打败德国的这一终极目标。

甚至有评论指出，如果图灵没能破解德国的恩尼格码密码，同盟国能否取得最终的胜利将是一个巨大的疑问。如此难以攻破的恩尼格码密码，图灵是怎样将其破译的呢？图灵之前从事的研究成为支撑他实现这一点的背后力量。此前，图灵一直致力于研究能够实现模仿所有计算机，包括恩尼格码密码机在内的运行方式的万能机器——图灵机的制作方法相关内容。

图灵机就是能够实现以下三点的机器：①在机器中有事先设定好的内部设置；②这一设置随外部输入的内容而变化；③发生怎样的变化是由输入时内容的内部设置决定的。

可能有人会说："这到底是怎么一回事？根本摸不着头脑啊！"这实际上也是原封不动地表述了现代电脑的运行模式：①是电脑具备的存储功能，②是使用电脑或为电脑接入网络时的输入设置，③的内容其实相当于通过安装软件能够实现对输入内容给出不同回应的这一点。

图灵通过研究表明，具有以上特征的电脑，如果给予其充足的时间学习，可以通过能够进行各类计算的编程，实现模仿其他任何电脑的运行模式，当然也包括恩尼格码密码机！此时已经基本确立了现代电脑依靠不同的软件可以处理所有信息的思考模式。

图灵的这一想法并没有止步于将电脑作为一个计算机。他有一个大胆甚至疯狂的想法：将人类的心也看作通过大量的计算积累实现处理信息能力的“东西”。他主张，如果真的如他所想的话，那么只要有足够高性能的图灵机，就可以让机器像人类一样思考并行动。

在论证这一主张的论文中，图灵提出了确认电脑是否具备与人类相同的智慧而进行“模仿游戏”的测试这一建议。这一测试具体的操作过程是：多人与模仿人类的电脑聊天，并有裁判来进行判断，如果裁判无法分辨哪边是人类哪边是电脑，就证明电脑拥有与人类相当的智慧。

当然，自这一论文发表起就有反对的声音指出，由于人类与电脑的内在是完全不同的，通过这样的测试无法判明电脑与人类进行了相同的思考。即便有各种各样的质疑，这一被称为“图灵试验”的测试在测定人工智能水平时仍被广泛使用。

2014 年，图灵试验开始 65 年后，首次出现通过了图灵试验的程序。图灵所主张的机器是可以实现模仿人类的这一想法正在被一点点实现。

伸手触碰禁果的男人的失乐园

图灵想要创造出连人类都可以模仿的万能机器这一想法是从

哪里得来的灵感呢？为了理解这一点我们有必要了解他为什么一定要吃下毒苹果而死去。图灵在死去的前一年，曾与一名年轻男子有过一段隐秘的关系。

在当时的英国，同性恋是一种罪行。图灵因此被捕入狱，被报纸等媒体大肆报道。出于这一原因，图灵自己选择了走向死亡。

图灵年幼时就显露出了数学和解谜方面的才能。他虽然进入了上层社会贵族子弟们去的私立学校读书，但是由于性格偏执古怪而很难融入学校的集体生活，也几乎没有什么朋友。

此时，图灵遇到了一个名叫克里斯托弗·摩尔康的少年。这个少年比图灵年长一岁，在数学和科学两个科目上都表现得异常出色，是他点燃了图灵对这些科目的热情。青春懵懂的图灵大概是对克里斯托弗怀着一种倾慕之情的。但世事无常，就在图灵拿到大学录取通知书时，克里斯托弗因为肺结核离开了这个世界。也正是出于这一点，后世的许多人都认为图灵之所以如此执着于创造出有心的机器，可能正是想借此再度与克里斯托弗重逢。

图灵对于创造出有心的机器这一点的执念，不由得让我们想起《科学怪人：弗兰肯斯坦》的故事中，主人公违背神的旨意创造出了人造人的情节。图灵在自己论述人工智能的论文中引用了阿达·洛芙莱斯的论文。阿达·洛芙莱斯（原名：阿达·拜伦）正是前文中提到撰写了《科学怪人：弗兰肯斯坦》的作者玛丽·雪莱的朋友。图灵等致力于电脑开发的科学家们将阿达与巴贝奇的梦想继续了下去。

我们每个人都在注定要死去这一命运的支配之下。可能图灵想要创造出拥有心的机器这一梦想的背后，也有一丝想要推动人类超越这样生死命运的想法吧。

这或许也暗示了图灵的人生最终会走向悲剧，而这一悲剧的结局便是吞食毒苹果而亡。现今，拥有心的机器正朝着可能实现的方向稳步迈进，这从另一个角度来看也显示了人类从死亡与劳动的痛苦中逐步得以解放的可能性。

“火星人”博士为何醉心于开发氢弹?

图灵在回到祖国开始恩尼格码破译工作之前所在的普林斯顿高等研究院在纳粹阴影笼罩下的欧洲一度发挥了接收优秀科学家并为其提供避难所的作用。犹太人博士爱因斯坦也曾是接受庇护的科学家之一。

在众多逃亡科学家中，图灵的研究受到了很高的评价。当时冯·诺伊曼博士甚至提出邀请和挽留，请他不要回英国，留下来继续与自己一起开发研究电脑。

冯·诺伊曼 1903 年出生于当时奥匈帝国首都布达佩斯一个富庶的贵族家庭。他在孩提时代就已经显现出过人的语言学习能力、记忆力以及在数学方面的天赋，在 20 多岁的时候就已经是在欧洲小有名气的数学家了。

然而，德国纳粹为冯·诺伊曼的幸福人生蒙上了难以抹去的阴影，这是因为冯·诺伊曼家族是犹太裔。1933 年，他接受了普林斯顿高等研究院的邀请举家逃往美国。

出于对让自己及家族遭受如此不幸的以德国纳粹为代表的极权主义的痛恨，冯·诺伊曼走到了战争旋涡的背后。移居美国后，冯·诺伊曼在推进自己研究的同时还协助军队进行兵器的研究开发，其中影响最大的是为核武器的开发完成提供了理论研究。

那时美军为了缩短弹道的计算时间开始了史上第一台数字电脑 ENIAC 的开发。在此之前，每一次弹道计算的时间都要花费两到三个月。

开始开发军用武器的冯·诺伊曼在得知 ENIAC 是一台图灵机后，意识到它并不会局限于计算弹道，还可以有更广泛的用途。据参加了该项目的研究员称，他使出浑身解数，接二连三地解决了开发过程中遇到的难题，甚至在研究院中被尊称为“火星人”“进化超过一般人的生物”。

最初原子弹试爆时发出的光亮一定程度上也可以说是电脑创造出来的光芒。ENIAC 的开发并没有赶上最初原子弹实验和二战的终结。然而，二战的终结其实也意味着美国与苏联之间冷战的开始。

开发完成的 ENIAC 最先被应用于氢弹的研究开发。氢弹具有千倍于投放在日本广岛的原子弹的破坏力。对极权主义厌恶至极的冯·诺伊曼曾有过“为什么不马上对苏联进行轰炸？”这样的言论。

二战后，美国电影导演斯坦利·库布里克根据彼得·乔治的小说《红色警戒》改编了一部黑色幽默喜剧片《奇爱博士》。这部电影演绎了一个由于氢弹爆炸而引发末日战争的故事，其中，奇爱博士这一科学怪人的角色据说就是以冯・诺伊曼为原型设计的。

让 iPhone 实现运行 100 万个应用的男人

知晓冯・诺伊曼的人们口耳相传，都认为他是 20 世纪最聪明的人。冯・诺伊曼将发生在世间的事情通过数字来表达并制成模型，再进行仿真，仿佛已经理解了宇宙万物的运行规律。他的功绩没有止步于军事技术方面，直到今天在物理学、经济学、生物学、气象学等多个领域都持续产生着深远影响。

冯・诺伊曼这些伟大的功绩都是在他与生俱来的计算能力支持之下实现的。还有这样一段逸事，据说冯・诺伊曼与自己参与创造出来的 ENIAC 比赛计算，结果胜出了。冯・诺伊曼创造出了这样一台机器——能够像他本人一样通过计算来模拟整个世界并能予以适当的控制和操作。

我们现在所使用的电脑基本上都是在冯・诺伊曼开创的设计思路基础之上发展起来的，因而也直接被命名为“冯・诺伊曼计算机”。正如我们可以在现代电脑中看到的一样，冯・诺伊曼计算机是具有中央处理器（CPU）以及短期存储和长期存储（HDD 等）等装置，同时具有输入和输出功能的设备。其中最重要的一项设计，就是能够将保存在长期存储空间中的软件在必要时提取至短期存储空间内（启动应用程序）。通过这一设计可以在电脑中事先安装软件，根据需要调取存储记录实现相应功能。同理，现在 iPhone

手机中能够提供超过 100 万个应用也是得益于冯·诺伊曼的创造。

世界大战中孕育出的比原子弹更可怕的怪物

我们在前面所提到的科学家，无论是香农也好，还是图灵与冯·诺伊曼也罢，他们所追求和创造出来的电脑都是在一个大前提之下的，即试图通过机器来再现人类所独有的能够思考的心这一大目标。

香农提出的比特与数字信息理论是基于将人的理性思考通过“0”与“1”的组合来完成机械性运算这一基本思维方式的。而图灵则是创造了一种机器，这种机器可以通过计算去模仿其他机器的行为。这里的“模仿”其实在图灵看来也包括人类的思考与心。冯·诺伊曼也试图创造出一个与人类相同的通过仿真来理解进而操控世间万物的机器。

现在，我们日常使用的智能手机和互联网，究其本源也都是从科学家们试图创造出拥有思考能力的机器这一想法的探索过程中创造出来的副产品。正如我们将在下一章中为大家解释的一样，香农在这之后事实上为世界提供了一个真正开始推进人工智能研究的契机。

另外，冯·诺伊曼是最早提出“奇点”这一概念的人。根据冯·诺伊曼在普林斯顿时代的同事，同时也是参与了氢弹开发的研究员回忆称，他与冯·诺伊曼之间曾有过这样的一段交流。

“可能在未来的某个时点，高速推进的技术进步与人们的生活习惯的变化会成为一个热点问题，人类正在逐步接近人类历史上某个根本性的特异点（奇点），越过这一点的未来，我们现在所适应和习惯的人类生活极有可能无法继续维持下去。”[1]

冯・诺伊曼借助电脑的力量创造出了拥有令人恐怖的威力的武器，并以此改变了20世纪的人类历史。然而，在他看来，他认为就连这样的大规模杀伤性武器同电脑在这之后引起的变化相比也都是微不足道的。最后我想引用冯・诺伊曼在原子弹试爆成功不久后对他妻子讲的话作为本章的结束：

“我们现在创造出的东西是一个怪物。这个东西拥有改变历史的力量。虽然这可以称得上是创造历史的东西，并且将永远留存于世……但是，从一个科学家的立场来看，即便有些事情我们可以通过科学的手段来实现，但是我们并没有去做，这是因为这件事情是与伦理相悖的。你也可以看到这带来的后果有多么恐怖。然而，这也仅仅只是一个开始罢了。”[2]

1 弗诺・文奇著，向井淳译：《何谓“奇点”？》(《科幻小说》杂志2005年12月期)

2 乔治・戴森著，吉田三知世译：《图灵的大教堂——数字宇宙开启智能时代》(早川书房，2013)

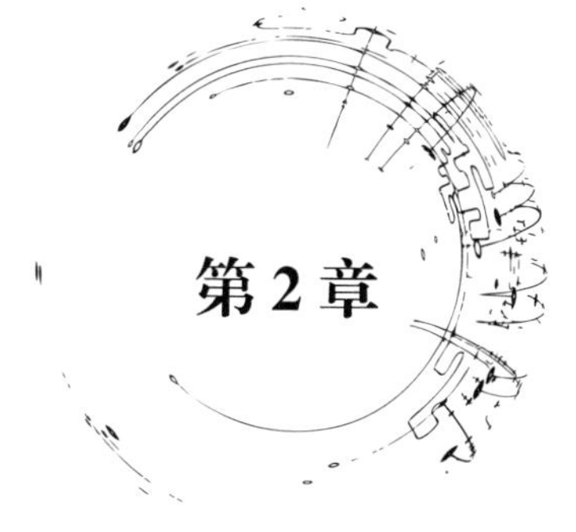

第2章

机器究竟能带给人类多大的智慧?

皮特将图灵的影像通过全息投影投放了出来。虽然图灵早已离开了这个世界，但这图像是那样的真实，仿佛触手可及。还留有咬过痕迹的苹果在我脑中久久萦绕，无法散去。

不知在经历少年时交好的友人辞世和成年后恋人的背叛后，图灵的心情是怎样的。我决定暂且休息一下，去找哈维尔神父聊聊天。

我把自己的想法一股脑儿地说给神父听，神父听完我的话，稍稍沉默了一会儿，说道："竟然还有过这样的故事，真是有趣啊。"

"图灵让我想起了之前您给我讲过的亚当和夏娃的故事。"

"确实是啊，亚当和夏娃在偷食智慧之果后，打破禁忌获得智慧的同时也惹得神雷霆大怒。现在，哪怕是对我一个老人家而言，如果没有了电和汽车，生活也将变得十分困难，因而我不想也无法否定人类拥有智慧后带给我们后人的恩惠。然而，任何事情都是有一个度的。在我看来，诸如让机器获得人心、让死去的人重生，还是不敬神威、有违教化的行径。"

"我不知怎的觉得有些害怕。即便是出于一种想要和自己深爱的恋人再次相见这样纯粹的想法，也还是会遭到惩罚吗？"

"神给予了我们无尽的爱。然而，如果我们做了有愧于这份爱的事情，那么无论是出于怎样的目的，我们也不会得到神的宽恕，结局只有毁灭。就好像《圣经》里提到的大洪水那样。”

“啊，我听说过。好像最后是一个叫挪亚的人制作了拯救人类的方舟是吧？”

“故事是这样的。神命令挪亚去造一艘船，也就是我们现在所说的挪亚方舟，要求在这艘船上仅能够乘得下挪亚的家人以及每一种动物的一对即可。由此来看，我们这些现代的人类都算得上是挪亚的后人了。”

“神为什么选择了挪亚去造船呢？”

“这是因为挪亚不仅笃信神灵，而且是一个言行端正的人，而当时与神的教化相悖的恶行泛滥于世。玛丽同学你也一样，如果不虔诚信仰端正品行，就不会让你乘上这艘挪亚方舟哦。”

如果我也有资格乘上这艘挪亚方舟的话，那也只有是成双成对的情况才可能吧。此时，我脑海里竟下意识地浮现出力克的面容。

我告别神情严肃、若有所思的哈维尔神父，回到了皮特老师的独家课程中来。我向皮特提出了刚才与神父的交流中猛然间浮现在脑海的疑问。

“皮特，我现在虽然知道了是图灵和冯·诺伊曼创造出了电脑，但是你和刚才在投影里出现的那些老式电脑也差得太多了，我根本无法想象你们是同一种东西。这么说来我小时候爸爸用的老式电脑也没有像皮特你这样还能与人交流。是不是所有从事电脑研究的人都是为了最终能够创造出人工智能啊？为什么人工智能直到最近才得以完全实现呢？”

“这个问题并非你想的那么简单。原本在那个时候，人类其实连自己大脑的构造都还没有彻底弄清楚，即便是在清楚了之后达到能够创造出我们的水平，还需要准备相应量的数据，可是当时甚至都没有能够处理这样庞大数据的机器。”

“说的也是啊，那个看起来块头又大又笨重的机器也不像是能够完成什么重要工作的样子。但是，发展到个人电脑时代，它们就已经变得很小巧了。在智能手机和 A.I.D 普及之前大家使用的个人电脑已经很方便了。又是谁第一个想到要将那样大块头的电脑变成普通人都可以买得到、用得起的东西的啊？”

“这是由一位名叫道格拉斯·恩格尔巴特的人创造的，并且是在一个叫‘方舟（Ark）’的地方成功完成开发和研制的。”

“方舟”，在听到这个名字的瞬间，我不由得感到后背一阵凉意。这不是刚才神父提到的那个挪亚造出来的避难船的名字吗？

叛逆儿们孕育出的个人电脑

就像在第1章中解释过的一样，二战中，正是由于有电脑的协助，同盟国才能够在美国和英国的率领下取得最终的胜利。虽然如此，但这并不意味着战争时代就这样画上了休止符。苏联逐渐发展成为与美国比肩的超级大国，并顺利地终结了二战。之后，苏联主导下的共产主义在世界范围内的影响力更是借助苏联的强盛而稳步提升。

20世纪50年代，苏联成功发射了人造地球卫星1号，极大地震慑了当时的资本主义阵营。也正是这一举动拉开了冷战中军事技术开发竞赛的大幕，这场竞赛的战线甚至延伸到了宇宙空间领域。特别值得一提的是，冯·诺伊曼曾参与的核武器开发更是以一种你赶我超的态势大幅推进，甚至险些将整个世界一步步推向爆发毁灭人类之战的深渊。

而电脑在冷战之中发挥了核心作用。在原子弹开发的计算过程中，主要使用了IBM公司开发的模拟计算机。冯·诺伊曼在二战后出任IBM公司的技术顾问，这也奠定了IBM公司日后成为世界数字电脑界霸主的基础。

IBM公司最初是依靠开发政府人口普查时使用的计算机成长起来的。计算机就是这样在政府或大企业的支持下，成了被用于军事开发和人员管理的工具。

与此同时，继承了图灵和冯·诺伊曼遗志的科学家们也在借助电脑逐步向实现人工智能这一目标努力靠近着。虽然起初他们对于让电脑实现人类的思考并拥有像人类一样的心这件事十分乐观，但是到后来便渐渐发现这一“妄想”只是他们对于自己能力的过度自信。人工智能的研发曾数度陷入困境，就好像是《圣经》故事中在失乐园过后，遍布世界各处的人类由于失去了对神的敬畏而遭到大洪水的灭顶之灾一样。

如果用人来打个比方的话，此时电脑还像是刚出生不久的婴儿。如果没有很多人来照顾他，单凭自己的力量还是什么都做不了。在这种状态下，婴儿还是要通过与双亲以及周围人的交流来逐渐成长，电脑同样也是逐步提升自己的能力进而在人类社会普及开来的。

挑战创造智慧这一神的领域

图灵和冯·诺伊曼去世后，首先接过推进人工智能开发研究这一大旗的是香农。香农开发了世界上第一个能够与人对局的国际象棋智能程序。香农还作为一名教育者致力于发掘和培养年轻力量，其中就包括马文·明斯基[1]和约翰·麦卡锡[2]这两名青年学生。后来

1　马文·明斯基（Marvin Minsky）：美国人工智能学者。曾任麻省理工学院人工智能研究所所长。

2　约翰·麦卡锡（John McCarthy）：美国人工智能学者。1956 年第一次提出了“人工智能”（AI）一词，并提出了解决限制人工智能“框架难题”的方案。

在这三人的主导下，1956 年于美国东海岸的达特茅斯大学召开了一次学术会议，该会议汇集了当时世界上主要的研究学者。

在这次达特茅斯会议上，麦卡锡第一次提出了“人工智能”（AI：artificial inteligence）这一概念。该会议被认为是现代人工智能发展的起点。

会上，这个能够下五子棋和国际象棋的智能程序一时引发了广泛议论。更具话题性的是，会上还发表了一个能够自动证明数学定理的程序，这个程序被认为是史上第一个人工智能程序。

前来参加这次会议的学者们均对人工智能开发的前景持相当乐观的看法。证明数学定理程序的开发者哈伯特・西蒙在会上预言，人工智能将在不到十年的时间里成为国际象棋界的“第一”。虽然后来西蒙自己也反思，这样的预言实在是对人工智能的开发与实现太过乐观了……

但无论如何，至今为止都只有人类才能做到的理性思考在机器上得以实现，这一点使得人们开始思考：是否一直以来被认为是神的领域——人类能够思考的心，也可能是能够通过人力创造出来的呢?

1959 年，麦卡锡和明斯基二人在麻省理工学院（MIT）会合，共同创立了人工智能研究所。该研究所接受了来自美国国防部下属负责支持研究开发的高等研究计划局（ARPA）大笔资金资助，吸引了大批研究学者，一时间呈现出十分热闹的局面。例如，能够下国际象棋的程序在这里不断被强化升级。

人工智能研究者们如此乐观的态度受到了当时学术界的批判。站在反对批判潮头的是一位名叫霍博特・德瑞福斯的哲学家。德瑞福斯曾扬言“人工智能不可能会下国际象棋”，接着就有了他与麻省理工学院开发的程序之间的国际象棋对战。结果是——程序战胜了德瑞福斯！

另外，在这一研究所诞生的成果中还有对图灵试验的挑战。在这一研究所中开发完成的名为伊莉莎的软件，实现了通过聊天的形式与精神病学家完成心理咨询的这一过程。该程序只是根据访谈者输入的文字信息回答已经事先录入的固定答案。虽然只是这样一个简单的程序，但是参与访谈的人大多感觉他们是接受了一位真正的精神病学家的心理咨询服务。

除此之外，麻省理工学院以及后来麦卡锡迁去西海岸后任职的斯坦福大学等机构都创造出了各种各样的科研成果。明斯基等人开始了模仿人类神经系统的神经网络研究。这一研究是让电脑将知识作为数据库存储，并发明能够像职业医生等专家那样根据情况给出判断的专家系统。科学家们的这一尝试是针对模拟现实世界的情况，用自然语言命令并处理的系统。至此，人工智能的开发看似是前途明朗、顺风顺水的。

1968 年科幻小说作家亚瑟·查理斯·克拉克与电影导演斯坦利·库布里克共同创作了电影《2001：太空漫游》。在这部电影中出现了一个能够像人类一样对话并为人类提供帮助的人工智能 HAL9000。

时任麻省理工学院研究所所长的明斯基也作为专家顾问参与了这部电影的制作，并同时在小说和电影中登场。电影中的 HAL9000 最终背叛了人类。这好像是暗示了所有人都坚信有望实现的人工智能的未来一样。

在挑战中越来越遥远的目标——人工智能

进入 20 世纪 60 年代末期后，研究学者们的骄傲也开始蒙上了一层阴影。他们慢慢发现，与人类相近水平的人工智能并没有他们之前想的那么容易实现。

最大的问题就是电脑的计算能力是有限的，它们无论如何都无法完成一个无限的计算。在现实世界中，我们在考虑一件事情时，想要理清其关联事项的话，是需要无限的探求能力来支持的，如果试图将所有的事情都考虑得一清二楚，注定会需要无限量的计算能力。

哲学家丹尼尔·丹尼特考虑创造一个处理模拟炸弹的机器人。他命令机器人在处理炸弹的同时要避免对机器人本身及周围的人类产生危害。结果，机器人对于什么样的情况会带来危害这一点开始了无限的思考，最终什么都没有做就结束了运行。1969 年，麦卡锡在论文中就这一问题做出了相应的论述。他提出，机器人是由于无法自己确定一个必须考虑的范围，即框架，而无法完成处理的，这就是所谓的“框架难题”。

我们再来看对话型软件程序，伊莉莎其实并没有完全理解患者所说的话，而是十分纯粹地将语言作为符号处理后输出与之相对应的回答。这样就不能说是伊莉莎理解了谈话的内容之后产生的对话。哲学家约翰·希尔勒将这种现象称为“中文房间”。

“中文房间”是指将不懂中文的人带进一个小房间，像伊莉莎一样，规定在输入特定中文时要输出与之对应的中文回答的现象实验。从外面的人的立场来看，屋子中的人看起来是会讲中文的，但是实际上屋子里的人只是做了机械性的应答。希尔勒认为正如并不能说参与“中文房间”实验的人会讲中文一样，人工智能的所谓“智慧”也仅仅停留在这样机械性应答的层面。

在更广范围内考量一下的话，我们便会遇到以下问题。那就是在电脑中处理的“语言”是一些符号或者说是记号，这些记号并没有与现实生活中的事物一一对应起来。例如，我们在电脑中录入“红色”这个单词，或者“苹果”这个事物时，怎么做才能让电脑理解到“感受到是红色的”“苹果这一种东西”这一层面呢?

最初研究人工智能的学者们没能解决这些问题。这是因为人类的智能并非像他们曾经所理解的那样简单。正如刚才提到的类似问题一样，人类的“心”并不是电脑通过对记号的处理就能够获得的。学者们的这一想象从一开始就是错误的。

20 世纪 60 年代，整个世界在人工智能研究领域投入了巨额研究经费和大量人才，然而在进入 70 年代后突然刹车，人工智能的研究进入了寒冬。这正似傲慢自大的人类想要接近神灵而遭受大洪水洗礼的惩罚一样。

开发了伊莉莎的学者也感受到了这一点——让一个人接触了没有内核的程序后，还要让他坚信这个程序是有智慧的这件事情本身是无意义的。后来他也变成了一个批判人工智能的人。改变了想法的人不止他一个。就连研发模仿人类神经系统的明斯基也清楚地意识到通过这种方式能够实现的智能也是十分有限的这一事实。

1986 年，一位名叫斯图尔特・布兰德（这个人物日后在人工智能的发展中会发挥重要作用，请大家记住他！）的人在麻省理工学院采访明斯基时，产生了如下对话：

“我问他：‘人工智能究竟怎么了？’明斯基回答道：‘从开始研究到现在已经过去了 30 年，但依然停留在努力实现人工智能的阶段吧。’‘人工智能被设定成了一个越想接近却反而渐行渐远的目标’。[1]”

创造出个人电脑的“方舟”

麦卡锡和明斯基率领的人工智能研究团队并没有取得期待的成果。但是，由于投入了相当数额的研究经费，他们的研究并没有局限于人工智能，对电脑本身也进行了研究和改善。这些努力后来也结出硕果，而这一硕果给人类社会带来了巨大的影响，那就是与人工智能完全不同的新生代计算机——个人电脑。

在这一环节发挥了主要作用的是一位名叫道格拉斯・恩格尔

1 约翰・马尔科夫著，服部桂译：《人工智能简史・第三的神话》（NTT 出版，2007）

巴特[1]的学者。他创立了一个名为“方舟”的组织，提出了个人电脑的概念，并预言了其实现的可能性。

现在，我们在日常生活中会习以为常地使用着个人电脑或者由个人电脑派生出来的智能手机。但是，在那个依靠大型电脑研究人工智能的时代，个人持有自己的电脑简直是一件令人无法想象的事情。

那时一般使用的都是 IBM 公司制造的相当昂贵的大型电脑。这样的电脑由多个使用者共享，使用者按照使用时长支付费用。电脑在当时还是一种十分稀缺而昂贵的资源。

尽管如此，能够使用电脑的也仅有军队、政府、一部分大企业，以及大学等研究机构。在这样的时代背景下，恩格尔巴特却有一个看似不可能的想法，那就是让每个人都持有自己的电脑，并且将这些电脑相连进而达到实现提高每个个体能力的效果。

恩格尔巴特是一个十分坚定地坚持自己想法的人。他是为电脑世界创造出“方舟”的挪亚，是在那个时代的芸芸众生中正直且完美的人。恩格尔巴特是怎样萌生了创造个人电脑这样一个美好愿景的呢？为了探明这一点，让我们首先回溯到那个时代。

领导了“曼哈顿计划”的是一位名叫万尼瓦尔・布什[2]的科学

1　道格拉斯・恩格尔巴特（Douglas Engelbart）：美国学者。受到“麦克斯存储器”设想的影响，在斯坦福研究所设立了拓展研究中心（方舟），提出了现在个人电脑的原型方案。

2　万尼瓦尔・布什（Vannevar Bush）：美国电力工学工程师，参与了模拟电脑和原子弹的开发，提出了实现信息检索的“麦克斯存储器”构想。

家。冯·诺伊曼也曾参与了这一计划下的原子弹开发项目。但是布什并非像冯·诺伊曼一样是一个深入开发第一线的研究学者，而是一个站在一定高度整体统领军事相关科学技术开发的人。正因为这样的经历，他才有了与冯·诺伊曼不同的问题意识。

那就是，从事科学与技术开发的相关人员随着时代的发展进步需要储备的背景知识的量在不断增加，特别是在类似开发原子弹这样复杂的项目中，需要数学家、物理学家以及工程师等各个领域的专家共同协作。

布什感到一直依靠纸质媒体来共享这些庞大体量的专业知识的效率并不高。为解决这一问题，他利用当时最先进的技术，开发了能够更高效传递知识的装置，并于二战结束的这一年，也就是1945 年发表了相关论文。

这一装置是将文献处理为胶片保存，通过像飞机操纵杆一样的操作装置将胶片投影出来，并且能够完成从文献到文献的跳转来实现探求只是相关性的“冲浪”。不管是谁探索过的“冲浪”轨迹，之后的人都可以再现。通过这样的方式就可以站在巨人的肩膀上，遵循他人的思考路径避免重复思考相同的问题。这可以称得上是现代网页的原型了。布什将这一装置命名为“麦克斯存储器”，其含义为拓展人类的记忆。

这篇论述麦克斯存储器的论文对当时还是一名年轻军官的恩格尔巴特的命运产生了巨大影响。战争末期被强制征兵的恩格尔巴特在菲律宾的战场上读到了这篇论文，人类的智慧能够通过机器来加强这一点在他脑海中留下了深刻印象。

恩格尔巴特回国后在大学毕业后成了一名雷达工程师，不久便结婚了。然而，在平静的日子中，有一天恩格尔巴特发现自己失去了人生的目标。而且，认真的他因这一发现苦恼了很久。此时，恩格尔巴特想起了麦克斯存储器的事情，开始把实现麦克斯存储器当成自己此生的使命。

恩格尔巴特是一个一旦认准了一件事就不到黄河不死心的人。在取得计算机学士学位后，他创立了一家公司。然而，恩格尔巴特个人的理想即便对于当时的专家们而言也是超出理解能力范围的，因此，进展并不顺利。此时的恩格尔巴特就好像是为了创造“方舟”而克服重重困难艰苦奋斗的挪亚一样。

在毫无头绪中摸索前进的恩格尔巴特收到了当时经常负责军队和大企业计算机技术咨询的斯坦福研究所的邀请。他去了斯坦福研究所，但是他的理想在那里也没有得到周围人的支持和理解。在斯坦福研究所，他研究的是构成电脑部件小型化。在朝着理想迈进的路上，恩格尔巴特又有了新发现——电脑的处理器体积变得越来越小，而性能则变得越来越高。

有了这一发现的恩格尔巴特终于遇到了拯救他的贵人。当时支援麦卡锡和明斯基研究的高级研究计划局研究开发部长约瑟夫·利克莱德[1]与恩格尔巴特一样，受到了麦克斯存储器论文的极大影响，并且认同他主张的创造提升人类智慧的电脑这一理念。

1　约瑟夫·利克莱德（Joseph Licklider）：美国学者，受到麦克斯存储器的影响，作为国防总省高等研究计划局研究开发部长，提出了互联网原型的构想，并且向人工智能及恩格尔巴特的研究提供了资金支持。

恩格尔巴特接受了高级研究计划局提供的巨额研究资金，在斯坦福研究所中创立了他自己的研究中心，从事个人使用的对话型电脑，以及通过鼠标和屏幕完成对话性操作与在网络上互相链接文件等功能的研究。这与后世发展出来的个人电脑和互联网有着紧密的联系。

这个研究中心的名字是拓展研究中心（Augmentation Research Center）。因为这一研究中心的首字母与“方舟”这一词汇“ark”发音相同，所以据说也被称为“方舟”，而恩格尔巴特则被称为“挪亚”。虽然这只是一个偶然的巧合，但还是具有象征性意义的。

在人工智能的研究如火如荼推进的时代，恩格尔巴特的想法简直就像是异端邪说。恩格尔巴特本人也曾表示：“我的研究团队要刻意同开发电脑的人工‘头脑’团队划清界限。”

然而，在人工智能的研究遭受“大洪水”的洗礼之后，基于在“方舟”中进行的研究被创造出来的个人电脑开始登上历史舞台，并迅速得到了普及。正如乘着挪亚方舟幸免于大洪水的挪亚及其后人在洪水退却后迅速占领了这个世界一样。

摩尔定律——去生养，去繁衍，去填满这大地吧！

如此孤独地追寻自己的理想的恩格尔巴特是如何做到始终没有放弃的呢？

实际上，一个有关电脑进化的观点支撑着他。这一观点就是现在被称为摩尔定律，最初被称作“2 的定律”的理论。这一观点用了 50 多年的时间证明了其本身的正确性。并且，从结果来看，该观点是促进了电脑产业爆发式发展最大的动因，与今天人工智能的实现也有相当密切的关联。

如果要实现恩格尔巴特在脑海中描绘出的那种系统，当时的电脑不仅过于庞大，而且价格高昂，性能也不足。

如果处理器变得越来越小，就能够在电脑中装备更多部件，电脑的性能将随之提升。并且，随着时间的流逝、历史的推进，电脑将变得体积越来越小，价格越来越低廉，性能越来越好。

恩格尔巴特在注意到这一点之后，更加确信在不久的将来，每个人都能够通过使用电脑来辅助提升自己的能力。20 世纪 60 年代，恩格尔巴特在演讲中提及了自己的这一发现。这场演讲的一位听众后来创立了一个开发处理器的公司——英特尔。现在英特尔公司几乎垄断了电脑处理器市场。这位听众就是戈登・摩尔[1]。

戈登・摩尔在听了恩格尔巴特演讲后的第五年也就是 1965 年，公开发表了现在被称为摩尔定律的推论。该推论指出，处理器的元件之一硅晶体管的数量在未来将每两年增加一倍，电脑的性能将随之提升一倍。

英特尔公司第一次发布处理器是在 1971 年，如果遵从摩尔定律，如今处理器的性能增加了多少倍呢？答案是，增加了 100 万倍。

1　戈登・摩尔（Gordon Moore）：世界最大的半导体制造商英特尔的创始人之一，提出了半导体性能在两年内将会提升两倍的“摩尔定律”。

实际上根据英特尔公开的官方数据，该公司最新发布的处理器与最初那款相比性能提升了 35 万倍。

类似这样的情况，在其他产业中是绝对不存在的。根据摩尔定律，当时几乎能够填满一整间屋子的电脑，现在已经变成了能够放在桌子上的个人电脑这样又小巧又廉价的产品了。甚至还发展出了拿在手里的智能手机、眼镜和手表等可穿戴式的电脑，以及装备在家电产品中的电脑。

美国的山景城周边迅速诞生了各种各样的企业，这些企业都使用了由硅晶体管构成的电脑。许多创业者在这里一夜暴富，变成了身价上亿的富豪，因此在这里也有过一股“淘金”热潮。

美国的这一地区后来被称为“硅谷”。恰似被逐出伊甸园的人类开始无止境繁衍后人渐渐填满这片大地一样，摩尔定律直到 2015 年依然成立。如果一直保持现在性能提升的水平到 2030 年，那么我们可以预见，实用型人工智能将在不远的未来得以实现。

为了逃离这厌恶的世界，我们开始使用致幻剂

为了帮助大家更好地理解人工智能与个人电脑——也就是帮助提升人类智慧的电脑之间的对立，我们来详细回顾一下当时的时代背景。

二战结束后，美国领导下的资本主义阵营与苏联领导下的共产

主义阵营之间的冷战已经发展到十分明显的地步了。越南在苏联支持下建立起共产主义政权后，美国的肯尼迪总统便决定对反政府势力予以支援。美国随即陷入了越南战争的泥沼，最终牺牲了近 800 万人，其中包括一大部分被强制征兵的美国青年。

这样的社会现状中，对现实的质疑与疑问最先产生在年轻一代当中。特别是美国国内，主流的政治、科技及经济流派都集中于东海岸的各大城市。因而，与之相对的西海岸，特别是加利福尼亚州，掀起青年们反对主流文化的浪潮，西海岸地区逐渐发展成了非主流文化的大本营。

美国西海岸原本就是移民们不依靠政府独自开发并推动其发展起来的区域。由于曾经的淘金热，这里集中了很多梦想着一夜暴富的冒险家。他们主张抵抗和反对当时华盛顿主导下的政治、战争与企业等方面的资本主义价值观，并且抗拒支撑这些价值观的所谓合理性科学技术等的发展。

他们主张个人要从整个体系的压迫下寻求解放，主张无政府主义，拒绝政府的强制征兵，主张建立不依赖于金钱的共同体（公社）维系社会生活，反对优先发展经济而带来的环境破坏，提倡性的解放等。为了探求个人的内心以及拓展个人实现的可能性，他们提倡东洋思想。因此，致幻剂流行起来。这些被称为“嬉皮士”的年轻人，在一定程度上动摇了当时的主流价值观。

IBM 等大型计算机设备成了一个具化的非主流文化攻击对象，这是由于其主要在主流代表下的政府和大企业中用于提升军事行动精准性与人员管理的科学性。这可能是由于他们将其视为奥威尔

《一九八四》中统治整个世界的“老大哥”的道具了。

所有的非主流文化都汇集于一本名叫《全球概览》的杂志中。创办这本杂志的是曾采访了明斯基的斯图尔特·布兰德[1]。该杂志自1968年开始发行，主要内容是向大众介绍嬉皮士及社会主义公社等当时非主流文化下的生活方式，以及该生活方式在不依靠政府和大企业等的支持进行实践的道具与方法论。这本杂志最具特色的一点是对黑客文化等与个人电脑相关的文化也是持肯定态度的。即便同样是电脑，并非像大型计算机那样用来压制个人的道具，而是用作个人对抗整体的道具，这本杂志从这个角度肯定了个人电脑。

加强人类智慧的电脑这一想法是恩格尔巴特所主张的，正是这一主张让整个世界对电脑的理解产生了180度的大反转。二者的想法逐渐走向融合。在“方舟”的活动中，恩格尔巴特结识了布兰德。他自己也曾使用过一些致幻剂，但他却说那些东西只不过是“让人想撒尿的玩具”罢了，并不能够得到真正意义上能力的提升。

复印店店家没能理解的大发明

恩格尔巴特与布兰德的相识比对致幻剂的犀利评价带来了更

---

1 斯图尔特·布兰德（Stewart Brand）：美国西海岸非主流文化的领导者，创刊《全球概览》，并开创运用网络赛伯空间“WELL”。

伟大的果实。第一期《全球概览》发行的那一年，即 1968 年，恩格尔巴特第一次向世界大众展示了其研究成果的效力。布兰德也参与了这一成果展示会。

12 月的旧金山市民中心，恩格尔巴特站在巨大的投影屏幕前，台下坐满了屏息期待的观众。在万众瞩目下，恩格尔巴特开始了他的演讲。

“今天，我主要想向大家传递的是，如果为我国办公室职员们配备能够马上做出反应的电脑，能为整个社会创造出多大的效益。”

此时，投影屏幕在恩格尔巴特的操作下变成了一张白纸的样子。接着，他向观众展示了通过键盘输入指令实现文本的输入，并通过使用鼠标和相应的键盘按钮将文本与图像组合编辑的过程。接着，他展示了将同类文件链接管理，并通过网络进行多人协同作业的场景。在场的观众不由得发出了惊叹。

“今天向大家展示的这一试制品，是以提升每个人自身智慧为目的的产品，同时也想借助此次试制品的发布，为目前仍在开发类似系统的研究人员指明方向。”

恩格尔巴特结束演讲之后，现场观众爆发出雷鸣般的掌声，喝彩与惊叹久久回荡在会场。曾经仅仅停留在计算机层面的电脑，已经发展成了这样一种工具，能够将文章和图像等信息以一种对人类而言更为自然的形式展现出来，我们还能够对其进行处理和加工，甚至能够通过网络实现共享。从另一层面来讲，电脑已然变成了一种媒介。

在这场发布会的观众中，有一个名叫艾伦·凯[1]的年轻人，当时他还只是美国犹他州大学的一名研究生。幼年时代的艾伦·凯聪颖过人，总易陷入幻想，在学校的成绩十分不稳定，很难融入校园生活。这样的成长经历与图灵等人有些类似。

然而，在空军服役期间，艾伦·凯在编程领域的天赋渐渐显露出来。进入研究生院学习的艾伦·凯研究的方向是能够在桌面使用的小型计算机开发，这也直接与后来的个人电脑相关。通过恩格尔巴特的讲演，艾伦·凯在心中形成了一个个人电脑概念雏形。“个人电脑”这个名字，便是艾伦·凯提出来的。

在这一时期，艾伦·凯还同西摩·佩珀特[2]保持着交流和往来。佩珀特是在麻省理工学院人工智能项目中作为明斯基的后任担负整个项目主要责任的负责人。佩珀特作为一名计算机科学家，受到儿童心理学研究等的影响，开发出了世界上第一种面向儿童的电脑语言——LOGO。

通过使用 LOGO 语言，能够依靠自然语言控制移动画面内的光标，在电脑中作画。佩珀特开发 LOGO 语言的出发点是想通过这样一种语言让儿童充分发挥出想象力，而想象力是孩子成长中最重要的一点。

---

1 艾伦·凯（Alan Kay）：受恩格尔巴特的影响，在施乐帕克研究中心（PARC）提出了后来成为苹果麦金塔系统及微软系统原型的“dynabook”（便携式电子书）构想，并从事了相应的开发工作。

2 西摩·佩珀特（Seymour Papert）：计算机科学家及教育学家。接替明斯基任麻省理工学院人工智能研究所所长一职。

每个人都是通过玩具或者交流在自己的脑海中对世界的运转进行模拟的。LOGO 语言向我们证明了电脑并非单纯的计算机，而是能够对我们学习和认知过程予以一定支持的媒介。

艾伦·凯正是出于这样一种初衷，想要开发出一本功能强大的“未来之书”，因而简称为“dynabook”，也同时为个人电脑赋予了最初的名字。艾伦·凯表示电子书应开发成比当时的电脑体积小很多的 A4 纸大小。

此时，艾伦·凯心中坚信阿尔达斯·马努蒂厄斯讲过的一句话：“书真正应该有的大小就是能够收进马鞍的大小。”[1]阿尔达斯正是 15 世纪将《圣经》用小版印刷的第一人。阿尔达斯印刷出版了小版《圣经》，使得《圣经》不仅仅局限于传道士之手，普通信众都能够人手一本。这也打破了教会对神明教化的垄断。或许，艾伦·凯也曾梦想着要通过电子书式电脑的开发来为世界带来一场现代的文艺复兴吧。

艾伦·凯成了首批施乐帕克研究中心（PARC）的雇员，创造出了电子书式电脑系统的试运行版本。在这一版系统中，他在电脑中构筑了一个假想的书桌环境——桌面，在桌面上显示有表达多个文件的窗口。受到恩格尔巴特的影响，艾伦·凯把桌面设置成可以通过键盘和鼠标来控制的，通过鼠标来选择和移动窗口中的文章和图像，并且能够通过菜单来选择进行复制

1　迈克尔·希尔兹克著，鸭泽真夫译：《创造未来的人们》（每日通讯，2001）

和粘贴等操作。

就这样，现代个人电脑原型的试运行版电子书式电脑就基本得以实现了。取得这一成果的艾伦·凯及其研究团队没有独占这一成果，而是举行了公开发布会，将其公之于众。

一名拥有犀利眼光的创业者带着自己的工程师团队参加了艾伦·凯的发布会。这位创业者就是史蒂夫·乔布斯[1]，他带着苹果电脑的工程师们用相当专业且严苛的眼光见证了整场发布会。在发布会结束时，乔布斯说了这样一句话："这家公司为什么不将这东西推向市场呢？到底发生了什么事情？真的是无法理解！"

施乐帕克研究中心的管理层最终还是没能意识到个人电脑的价值所在，并没有成功将个人电脑实现商品化，还将麦卡锡等人在施乐帕克研究中心的研究揶揄为"异教徒集团"。艾伦·凯对这样的公司失望透顶，为实现自己的梦想辗转游戏公司 Atari、苹果公司以及迪士尼公司等任职。

如果说恩格尔巴特为世界带来了个人电脑的设想，那么可以说艾伦·凯是将这一设想具体实现了的人。艾伦·凯种下了能够结出个人电脑这一果实的种子。接过艾伦·凯手中的接力棒将这一果实培育长大并推向世界的人想必大家都已经知晓了，那就是我们将在下一节为大家介绍的史蒂夫·乔布斯。

---

1 史蒂夫·乔布斯（Steve Jobs）：美国苹果公司的联合创办人，开发了苹果麦金塔电脑、后来的苹果电脑和手机等产品。

终于迎来收获的果实——苹果（Apple）

史蒂夫·乔布斯对于个人电脑普及的贡献似乎已经无须多言，想必各位读者朋友一定已经通过各种途径对乔布斯这一生有所了解了。乔布斯正是在非主流文化时代浪潮中对电脑这一“禁果”的培育贡献最大的人。

在此，对于乔布斯的故事，我们想从写满他一生的非主流文化这一角度试着给出本书的解读。而在这一过程中，手握关键解谜之钥的人正是我们在前文中提到过的参加并帮助恩格尔巴特召开发布会的斯图尔特·布兰德。

布兰德并非我们一般意义上听到嬉皮士后在脑海中浮现出的被社会淘汰的颓废青年，而是毕业于斯坦福大学的青年才俊。斯坦福大学是美国西海岸的一所以工科见长的名校，麦卡锡等人就是在这里从事着人工智能的研究和开发工作。

然而，服用致幻剂的经历为他打开了新世界的大门，他逐渐走上了非主流文化“传教士”之路。与服用致幻剂活动紧密相关的是，1966 年从这一群体性行为中诞生了感恩而死乐队，这一乐队代表了红极一时的嬉皮士文化。

布兰德在 1968 年《全球概览》创刊活动中表示，非主流文化并不是单纯地反文明与反技术进步，其中也蕴含着支持由于技术进步带来的个人智慧的强化和提升，这一点前文中也有所提及。

乔布斯在他 2005 年于斯坦福大学的演讲中，介绍了《全球概览》最后一期封底上的一句话“Stay hungry，stay foolish”（求知若饥，虚心若愚），并提及自己深受这句话的影响。《全球概览》的理念，原封不动地成了乔布斯对于个人电脑的认识与追寻实现的理想。

乔布斯将个人电脑视作个人提升能力并以此来反抗体制的工具。也正是出于这一原因，乔布斯才对在恩格尔巴特理念影响下诞生的艾伦·凯电子书式个人电脑有如此强烈的共鸣。就一个简单的例子来看，《全球概览》杂志从编辑到最终印刷出版的整个过程都是 DIY 来完成的。

乔布斯推出苹果麦金塔电脑后，最初被广泛应用的领域就是桌面出版，即任何人都可以通过使用苹果电脑轻易实现排版并印刷出版物。

后来，苹果公司推出苹果手机时，出厂设置的壁纸与《全球概览》的封面十分相近，均是一幅蓝色地球的照片。这也向大众传递出一个信息，苹果手机与《全球概览》相同，都是提升人们之间信息传递能力的工具。

在这个故事中，苹果这一公司的名字实在是太过抽象。或许这正是智慧之果本身。另外，苹果的商标也是仅咬了一口的苹果图样。有人认为这一设计是取“咬（bite）”与比特的复数形式字节（byte）的谐音而来，也有传言说这是乔布斯致敬图灵之死的。无论如何，最先将个人电脑普及给社会大众的就是这个公司。

最初发行的苹果第一代产品销量平平。虽然紧接着推出的苹果第二代产品取得了极大的成功，但是苹果公司发展的前景依旧不乐观。计算机业界的巨头 IBM 公司看到了苹果第二代产品的成功，也参与到了个人电脑的开发中来。这导致苹果产品的销量直线下降，使得苹果公司不得不开始进行革命性新产品的开发。就在这个时候，乔布斯等人看到了电子书式电脑的发布会。

虽然开发一种完全新型的电脑并非坦途，但是最终历经波折辗转，还是于 1984 年 1 月播出了苹果公司新产品的广告。这条广告是插播在美国最大的体育赛事转播“超级碗”直播过程中的。

这条广告由执导过《异形》的导演雷德利·斯科特指导完成。广告的开始，便是神色空虚的群众被巨大屏幕中的独裁者震慑住的镜头（这也被认为是对 IBM 的讽刺）。此时，一位身着运动上衣身姿矫健的女性越过警卫投出手中的链球，将独裁者的屏幕打个粉碎。然后，旁白响起：“1984 年，苹果开始发售麦金塔电脑。你应该知道《一九八四》没能成为现实的原因了吧。”

苹果电脑发售时的广告语是“For the rest of us”。并非专家，也并非大资本家，而是为了每一个普通个体能够更好地表达自己，甚至改变这个世界。在这背后蕴藏着的是给予个人力量、与压迫个人势力斗争的非主流文化精神。

由叛逆的象征到日常生活的伙伴

图灵和冯·诺伊曼等人描绘了一个人工智能的梦，虽然后来的新生代学者沿着这个梦的方向走了下去，但没能实现。想要创造出拥有能够思考的心的机器，可能一开始就是一种鲁莽的挑战。众多学者意识到了人类的极限。人工智能的研究在“大洪水”中被摧毁殆尽。

然而，恩格尔巴特为人类带来了一个提升人类智慧的希望，名曰个人电脑。恩格尔巴特在名为“方舟”的研究所中创造出方舟，并且几乎以一己之力提出了后来个人电脑及网络的基本概念。

恩格尔巴特理念中的个人电脑是与人共生并且是可以提升人类智慧的，这与创造拥有能够思考的心的人工智能这一理念是恰恰相悖的。在那个时代，为了更好地使用刚刚面世不久的个人电脑，恩格尔巴特的理念是正确的。

正如恩格尔巴特预见的那样，遵循着摩尔定律，电脑迅速沿着体积更小、性能更高、价格更低廉的方向发展下去。电脑这一进化的过程带来了后起之秀的个人电脑以及现在的智能手机，甚至物联网和人工智能的发展。

其实，恩格尔巴特并没有亲手触碰到个人电脑这一果实。美国政府由于越南战争激增的军事开支受到了人民的批判，开始对预算进行修改和调整。受此影响，常年支撑“方舟”的研究经费被迫停止了。虽然恩格尔巴特坚持个人继续研究，但他已经被时代的浪潮渐渐淹没了。

恩格尔巴特播下的个人电脑这粒种子，渐渐被艾伦·凯所在的施乐帕克研究中心这样的研究所以及在日渐崛起的硅谷的苹果和微软等计算机企业所培育长大。这里也蕴藏着对于以越南战争为代表的冷战世界下，为了对政府和大企业的压迫予以回击，而提升个人能力的非主流文化的思想内涵。

研究员们种下的智慧之果的种子，终于迎来了结出个人电脑这一果实的时代。结果正如接下来的时代我们看到的互联网及智能手机的普及，电脑已经成为我们生活中更不可或缺的“伙伴”了。

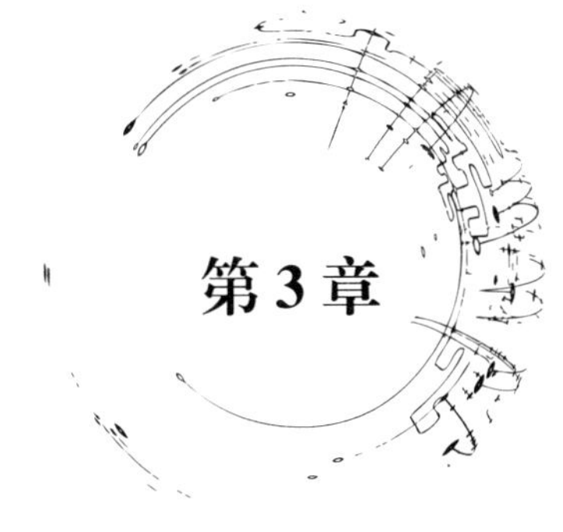

第3章

互联网在云端编织地球神经网

我关掉全息投影，周围陷入一片漆黑。学习历史虽然很有意思，但也很累人啊！今天就先学习到这里吧。但是我还是要由衷地感叹一句："摩尔定律是真的很厉害！"电脑性能在很短时间内就提升了数万倍，简直跟高利贷一样。我暗暗下定决心这辈子绝对不去借复利计息的钱。

皮特提示，在我关掉手机认真学习期间有电话打进来。刚想着可能是力克，就发现是在意大利罗马的朋友伊娃打来的电话，我赶紧回拨了过去。

"玛丽，好久没联系！现在不忙吗？通话方便吗？"

"抱歉，刚才真的是很罕见地认真学习了一会儿。要是再不开始写毕业论文麻烦就大了。伊娃你怎么样啊？挺好的吧？"

"嗯，我挺好的！我告诉你个消息，你好好听着哦。我，被意大利驻日大使馆录用啦！所以才想赶紧告诉你的！"

"哇，你太厉害了！恭喜你！"

伊娃与我同岁，在罗马的大学学习日本与意大利关系的国际关系史，曾在我现在的研究室短期留学（别看中岛教授是那个样子，他可是这方面研究的学术权威）。伊娃是一个认真学习的好学生，在她留学结束要回国的时候，中岛教授还非常嫌弃地对我说："让伊娃留下来继续做我的学生，你替她回罗马吧。"我与伊娃很聊得来，成了很好的朋友。

我们又闲聊了一会儿，便挂了电话。伊娃高亢尖利声调下舌音的余韵还萦绕在我耳边。不对，准确地说我听到的这个声音并不是伊娃真正的声音，而是皮特在伊娃说话的时候进行同声传译，再模仿她的声音合成处理后才最终传到我耳朵里的。同样，伊娃也能够听到我在流利地用意大利语跟她交流。将说话人的话翻译后再模仿说话人的声音传达出来这一过程处理得太过自然，以至于我甚至已经忘记了这是由皮特发出的声音。类似这样的服务，据说是由云端计算机来实现的。所谓云端，这一名称应该是来源于自然界的云朵吧。把云端当作前缀加在计算机前总是让人觉得有点奇怪。

“现在的世界完全就是人类试图建造巴别塔前世界的样子啊！”

第二天，我又来到了学校的教堂。神父已经来日本近 20 年了，所以完全可以不依赖 A.I.D 的帮助自己用日语来进行交流。

“根据《圣经》的记载，人类曾一度试图建造一座直通众神居住的云端天国的塔，这座塔便被称为巴别塔。但是这座塔最终未能建成，因为触犯了禁忌而被毁。刚才所说的巴别塔指的就是这座塔吗？”

“实际上《圣经》里面并没有关于上帝毁掉这座塔的直接记述，但确实人类想要建造一座通向天国的塔这一计划是上帝不愿意看到的事情。上帝认为人类之所以能够这么做是因为所有人使用的语言都是相同的。因此，上帝让每个人都说不同的语言，使得人们无法交流和沟通，进而人们之间无法互相理解。最终，人类四散各地，各自使用着不同的语言孤立地生活着。”

那是一个世界上所有人都说着同样的语言，想要一起登上那云端天国的时代。现在整个世界都通过互联网在云端联结成一个整体，这难道不正是那个建造巴别塔之前的时代世界的样子吗？

与神父作别后，我问皮特：

“这么说来，我以前沉迷网络的时候，爸爸经常生气地说他小的时候根本就没有什么互联网。是不是互联网也和 A.I.D 一样是最近才有的东西啊？”

“现代互联网原型的提出是在 20 世纪 60 年代。”

“20 世纪 60 年代？那何止是爸爸小时候，在爷爷小的时候就已经出现了啊！”

“是这样的。但是建立一个联通全世界的网络这件事情与建造巴别塔的难度不相上下。人们为了实现这一点，需要创造出一种所有人都能够使用的‘唯一的语言’。”

我看向窗户外的天空。运输货物的无人机交错飞行，将整块的云朵切分开。究竟这一直通云端天国的“巴别塔”是怎样建造起来的呢？

一个被互联网连接起来的世界

20 世纪 80 年代中叶，在苹果麦金塔电脑与 IBM 公司的个人电脑开始发售的同时，冷战下的世界发生着翻天覆地的变化。戈尔巴乔夫就任苏联共产党中央委员会总书记，通过推行政治与经济体制的改革以及新思想指导下的外交政策，极大地缓和了共产主义阵营与资本主义阵营间的紧张氛围。

1989 年，在戈尔巴乔夫与当时美国总统老布什举行的直接会谈上，向世界宣告了冷战的终结。同一年，将柏林分割为东西两半的柏林墙被推倒了，世界开始进入了美国领导下的全球化时代。

个人电脑最早是由抵制资本主义的急先锋——嬉皮士们创造出来的，但是在商业经营上最终还是败给了 IBM 公司的个人电脑产品。然而，微软公司凭借为个人电脑提供操作系统支持，取得了超越 IBM 公司的成功。

比尔・盖茨[1]是微软公司的创始人之一。他肄业于美国东海岸名校哈佛大学，主张软件的开发者理应获得与在开发软件的过程中

1 比尔・盖茨（Bill Gates）：美国微软公司的联合创始人。开发了占据市场最大份额的个人电脑操作系统“Windows”及“Office”系列办公软件等产品。近年致力于开展慈善事业。

付出的劳力相当的价值回报。与其说他是另一名嬉皮士，倒不如说他是一名资本家。

微软公司垄断了从制造商到用户端操作系统的供应，占据了世界个人电脑九成以上的市场份额，成了拥有绝对影响力的企业。比尔·盖茨也借此成了世界上首屈一指的富豪。电脑在全球化的时代背景下成为资本主义发展的急先锋。

而与此同时，受到布什和恩格尔巴特等人的影响，正在兴起一股开发个人电脑之外的研究浪潮。这就是互联网和万维网。而这正恰似巴别塔故事发生的舞台——古巴比伦一样，是一个曾经在古代美索不达米亚平原繁荣一时的多民族共生的城市。通过互联网，世界上的任何一个人都能够被以相同的“语言”与其他人连接起来。在互联网基础之上科学家们又创建了万维网这一在线的电子空间。

在万维网中，最先实现的是信息检索与交流活动，之后才发展出像微软的“Office”系列软件一样能够驱动软件应用的云计算服务。

实现云端服务的是在谷歌运作下的大型服务器计算机，而这完全就像是直耸入云的巴别塔。在像地球神经网一样编织起的互联网和万维网之上，云计算仿佛就是神话故事里在云端天国生活的神一样知晓万物，渐渐发展成了地球之脑。

脑科学家播下互联网这颗种子

现在互联网已经成为我们日常生活和工作中获取信息、交流沟通时不可或缺，甚至就像是家家户户都必不可少的自来水管道一般的基础设施了。各位读者朋友是否有完全不使用网络的时候呢？能否想象出没有谷歌和社交软件的生活会是怎样的呢？

然而，实际上互联网向普通大众开放是在 1992 年，距离创作本书（2016 年）甚至还不到 25 年的时间。在此之前还未曾有过任何事物能在一代人的时间里普及全球并发展成为基础设施般的存在。1991 年是苏联解体的年份。互联网同全球化一起在世界范围内普及开来，并发挥着将世界联结起来的作用。

那么，这样一个世界范围内的互联网是谁创造出来的？现在又是由谁在管理呢？实际上，现在并非某个唯一的个人或团体在管理着互联网。国际上有制定互联网相关标准的组织，但参与标准制定的探讨是面向全社会开放的。将这一标准落实到实际安装中并真正应用它的还是各个企业、团体甚至个人。万维网也相同。任何人都可以在不获取其他任何人许可的条件下，开发机器或某种服务并与万维网相连接。

我们惊异于像互联网和万维网这样对整个社会带来极大影响的系统竟然采用了一种开放式的管理方法。那么这一开放式的管理机制又是如何形成的呢？为了理解这一点我们首先来回顾一下它的历史。

这里我们还是要从美国国防部高等研究计划局开始讲起。我们要回溯支持恩格尔巴特研究的约瑟夫・利克莱德。利克莱德原本是一名心理学家，20 世纪 50 年代后半叶，致力于构建相应的数学式模型来理解人类大脑负责处理声音的复杂结构。然而，为了实现这一模型的构筑需要处理和计算相当庞大的数据。

1957年左右，他终于意识到自己花费在收集、整理和计算各类信息上的时间，比花费在思考和探索更有意义的事情的时间要多得多。恰巧在这个时候，与恩格尔巴特相同，利克莱德也有幸读到了布什所著的关于麦克斯存储器的论文。

受这篇论文的影响和启发，利克莱德想是否能够创造出一种对话型电脑来代替人类完成信息检索和整理等机械性作业，并通过互联网将其联结在一起。于是他便以此为目标开始了相应的研究开发工作。他的这一举动和研究方向的转变也被称作“对话型电脑的宗教性觉醒”[1]。

利克莱德对于人工智能实现的可能性也持肯定态度，对这方面的研究也予以相当积极的支持。但是，与相信人工智能将在不久的将来得以实现的研究学者们不同的是，他认为人工智能真正得以实现将会在遥远的未来，并且直到人工智能得以实现为止，人类与电脑将需要度过相当长的共存的时光。为了实现人类与电脑的和谐共存，二者之间建立起一种怎样的关系就变得十分重要了。

1957年，受苏联斯普特尼克危机的影响，美国国防部为进一步推进科学技术的开发，设立了高等研究计划局。1962年任命利克莱德为信息处理技术部部长，并通过提供研究经费等方式对从事电脑及人工智能相关研究开发的学者予以相应援助。

1　霍华德·莱茵戈德著，日暮雅通译：《新·为了思考的道具》（Personal Media，2006）

统属于这一计划下，不仅有麦卡锡和明斯基的人工智能项目，还有恩格尔巴特的“方舟”研究中心。美国建国之初，有一位传奇人物名叫强尼·阿普尔西德。据说他在美国建立之初，在从东海岸向中西部开垦拓荒的浪潮中，带着《圣经》与苹果树的种子，一边播种苹果树的种子，一边向人们传递基督教的教化，梦想建立一个人人衣食无忧的国度。由此，也有人将利克莱德对电脑开发带来的影响与强尼作比，称其为“电脑界的强尼·阿普尔西德”。

如果世界上仅有一台传真机……

1963 年，利克莱德就实现人类与电脑共存的一点想法向高等研究计划局的工作人员发送了备忘录。这一备忘录是有关“银河系网络”的，这一网络系统是他支援下的研究机构推进开发出最早的将电脑用网络连接并协同工作的网络系统。这也被视作对现代互联网建设最早的设想。

利克莱德基于这一构想，将美国四所大学的电脑连接了起来。这里出现了一个很棘手的问题，那就是电脑之间进行通信时，必须分别使用不同的通信线路适应各自的通信顺序，并且使用各自不同的网络。

这样一来，每连接一台新电脑时都不得不建立一套新的网络。仅连接了三台电脑就产生了这样的问题，如果当真按照利克莱德的设想将像银河系里的星星一样多的电脑连接起来，将会是多么混乱的一个场面啊！

虽然利克莱德后来离开了高等研究计划局，但其后任的历届部长仍继承了他的意志继续将“银河系网络”的研究计划推进了下去。为解决上述问题，就需要实现能够将各个局域网联结起来的网络，也就是我们现在所说的互联网。

开拓出这一问题解决之道的是一位名叫唐纳德·戴维斯[1]的英国学者。戴维斯提出了分组交换方式，这一方式一直沿用至今。

将每台电脑直接连接这种方法，就像是有线电话一样，一台设备有多少个想要通话的对象就需要有多少组线路。分组交换方式像火灾时大家一起传水桶救火一样。在分组交换方式中，将想要通信的内容划分为一个下一级的小单位，称之为包。在每个包上面都标记有投送目标的行李签，发送人会将包发送到离投送目标最近的电脑上去。

这样一来，接收到包的电脑会根据投送目标的距离远近选择电脑再次进行传送。通过这一方式，两台想要通信的电脑，即便是在相互没有直接线路相连的情况下，也可以实现信息传递。

使用这一方式后，发生了一件有趣的事情。我们在与世界某地进行通信时，在传送的过程中会在我们本人并不知情的情况下借用全世界各种企业或机关在维护的通信线路以及这些线路的中转站点。与之相应的，在各个局域网节点中，也尽可能对于经由的信息，

1　唐纳德·戴维斯（Donald Davies）：英国计算机科学家。开发了分组交换技术。

不加干涉和窥探。

这样一来，无论是谁创设了新设备或是创建了新应用程序都无须再特意知会各自的网络，只要接入互联网就能够与整个世界相连。这一方式的特征在于网络对于终端之间的通信不加干预和不设阻碍，在这一意义上又被称作终端对终端的原理。

阿帕网（ARPANET）作为互联网的原型，于1969年12月开始首先将美国国内四个地点的电脑相连。在之后的15年里陆续连接的电脑达到了1000台。

苏联解体后的1992年，互联网对普通民众开放。日本于1984年在村井纯等学者的领导下建立了使用分组交换方式实现的大学之间的通信网络，并于1989年接入了美国的网络。随着互联网的规模不断扩大，其发展的速度也越来越快。

对于导致这一现象的原因有一个人给出了合理的解释。虽然互联网的通信规格开发是在斯坦福大学主导下完成的，但是其中艾伦·凯任职的高等研究计划局也在这一过程中做出了很大的贡献。同属高等研究计划局的罗伯特·梅特卡夫[1]开发出了以太网，作为网络的基本规格沿用至今。梅特卡夫于1995年提出了网络价值会随着使用者的增加而增值，并且呈指数相关增值的定律——梅特卡夫定律。

这又是怎么一回事呢？我们以传真机的网络为例试着理解一

1 罗伯特·梅特卡夫（Robert Metcalfe）：曾活跃于美国国防部高等研究计划局的互联网科学家。提出了梅特卡夫定律，即网络的价值以用户数量的平方速度增长。

下这一定律。如果世界上只有一台传真机的话，这一网络的价值有多少呢？是的，答案是零，也就是说没有价值。如果传真机的数量增加到两台呢？因为能够通信的对象只是一对一的关系，那么姑且将其价值考虑为 1。

如果增加到 3 台呢？那么就能够实现三种连接的方法。我们稍微跳跃一下，如果增加到 100 台的话……那么就一下增加到了 4545 种连接的方法。

随着接入网络用户终端的增加，各个用户之间能够实现连接方法的数量并非单纯随着用户数量呈比例增加，而是以用户数量的平方的速度增长。因此，随着用户数量越来越多，能够建立的链接，也就是说网络的价值也呈爆炸式趋势增长。

梅特卡夫定律可以适用于包括互联网、万维网以及社交应用等依靠用户与用户之间建立链接而发展的网络中，并同摩尔定律一起成为推动 IT 产业进化的最大动力之一。

截至 2015 年，已经有超过 10 亿台各类终端设备接入互联网，这之中包括个人电脑和智能手机等各类终端设备，并且在这些终端上又在应用着各类应用软件，其中也包括我们接下来要讲到的万维网。

有一个设想在背后支撑实现了这样一种无论是谁都能够用相同“语言”联结的互联网，就如同解决了巴别塔带来的语言障碍一般，那就是被称为“电脑界的强尼·阿普尔西德”的利克莱德播下的种子，也就是人类要与电脑实现共存的这一理念。利克莱德原本是从事人类大脑研究的，却为这个星球“神经网络”的建立带来了契机。

赛博空间——科幻小说预言的实现

利克莱德等人开发出了互联网。发展至今，我们已经几乎能够在互联网中利用信息完成所有的日常活动了。这之中包括信息的检索、购物等各类商业贸易、个人之间的交流沟通、听音乐及看视频等娱乐，甚至是教育等的方方面面。最先赶上这一网络时代大潮熟练运用网络的自然是美国西海岸的嬉皮士们。他们追求新鲜事物的热忱恰好适应了网络这一新事物发展的脚步。

1984 年，苹果公司发布了苹果电脑这一产品，日本也建立起了互联网的初步基础，同一时间，作家威廉·吉布森发表了后来成为其代表作的科幻小说《神经漫游者》。吉布森拒绝服从政府强制要求其前往越南战场服役的命令，逃往加拿大，并在那里彻彻底底被非主流文化所浸润。在这部作品中，吉布森描绘了一个令人目眩的赛博空间，完全就像是吸食毒品之后出现的幻觉一般。

《神经漫游者》故事的舞台是在日本千叶，从这一点也可以窥见当时的日本留给世界的印象是走在 IT 产业最前沿的。在小说中首创的“赛博空间”这一概念也极大地刺激了当时众多的作家，日本的士郎正宗创作了描绘电脑空间警察的作品《攻壳机动队》。沃卓斯基兄弟创作的《黑客帝国》系列电影也借用了小说中描绘的赛博空间之名及其世界观。

这些作品描绘的内容存在一点共性——原本应存在于赛博空

间内人工智能的自我意识觉醒，并且拥有神一般的超能力。这可能也受到了嬉皮士们在食用毒品后产生了新的自我意识的觉醒这一点的影响。吉布森在一次采访中讲到了下面这一点，大家不妨先有一个印象，那就是“未来已经在我们脚下，虽然它还没有普及至每个人”。

不知道是否受到了《神经漫游者》这部作品的影响，第二年，也就是 1985 年，创办了《全球概览》的斯图尔特·布兰德公开了世界第一个赛博空间——WELL（全球电子目录）系统。

WELL 是将《全球概览》的理念带入在线空间的系统。最初 WELL 提供的在线服务采用 BBS（电子公告牌系统）的形式，话题涉及艺术、商业、政治及很有嬉皮士风范的精神层面的内容，同时在这一论坛就以上内容展开讨论和交流。

相对成功的话题是从布兰德个人经历中产生的嬉皮士崇拜，以及感恩而死乐队的粉丝俱乐部。至于 BBS 的运营，则是依靠嬉皮士团体作为工作人员来完成的。

布兰德在前一年还举办了第一届名为“黑客大会”（The Hackers Conference）的讨论会议，会集了以苹果公司技术人员为主的黑客们，展开了别开生面的讨论。在这之中，布兰德提出了后来成为代表他个人的一句名言：“人们希望信息是免费的（自由的）。”[1]

1　斯图尔特·布兰德著，室谦二 / 麻生九美译：《媒体研究所》（福武书店，1988）

早在 WELL 出现之前的 1979 年至 1980 年，就逐渐出现了一批 BBS 等早期的网络空间。同时，大学生们也开始使用学校的系统发送电子邮件或聊天了。WELL 的活跃用户在 1993 年已经达到了 8000 人。

然而，以西海岸的 IT 业界人士以及新闻工作者为核心力量的人们发挥了一个最主要的作用，那就是让赛博空间，也就是网络空间作为一种非主流文化兴起这一观点深入人心。赛博空间的出现成了非主流文化转向以互联网为代表的网络文化的重要转折点。

万维网（Web）是蜘蛛的巢——这是一个误会!

1991 年，美国众议院议员艾伯特·戈尔——后来戈尔成了美国的副总统——提出了一项法案，这一法案的主要内容是美国政府将为在美国的大学及研究机构配备高性能计算机并建立将其连接起来的高速网络，政府为此拨出 600 万美元的财政预算。这一法案的通过和实施，为日后互联网和万维网的普及做出了极大贡献。

戈尔早就注意到了蕴藏在互联网中的极大可能性，提出了建设“信息高速公路”的设想。1992 年仅次于阿帕网（ARPANET）的当时第二大的网络放宽了商用网络的接入许可。在此之前这一网络被限制仅能出于学术研究目的使用。自此，互联网向一般个人及民间企业广泛开放。

同样是在 20 世纪 90 年代初期，在瑞士的欧洲核子研究组织

（CERN），与目前为止互联网活跃的舞台大相径庭，一位名叫蒂姆·伯纳斯-李[1]的英国工程师正致力于开发一个全新的系统。

欧洲核子研究组织是欧洲最大的核物理研究基地，聚集了全世界 6000 多名专家开展共同研究。现代科学相当复杂并且专业细分程度极高，因此，即便是同一领域的专家，只要是研究的具体方向稍有不同，便有可能完全不了解对方所从事的研究。

针对这一点，蒂姆·伯纳斯-李将研究组织内部共享的研究资料保存在了电脑里，以便所有人能够随时查阅参考。这一系统后来发展成了现在世界最大的赛博空间，被命名为地球规模的（神经）网，即“World Wide Web”。

蒂姆·伯纳斯-李的父母也是计算机工程师，曾任职于图灵担任副所长的曼彻斯特大学计算机研究所，并且曾参与英国最早的电脑开发工作。这一电脑开发成功时首次被媒体报道为“电子大脑”面世，引起一阵热议。那时，图灵在采访中发表了以下预言：

“这仅仅是一个未来的预兆，仅表示未来可能会成为这样的一个影子。我们为了真正了解机器的能力，有必要经过某种经验的积累。虽然到达新的可能性需要耗费数年的时间，但是我始终认为，有一天机器出现在需要依靠人类理性来做处理的领域，并同人类在同等地位竞争，这也并非不可能。”

蒂姆·伯纳斯-李年幼的时候曾与父亲就人的思考模式与电脑

1　蒂姆·伯纳斯-李（Tim Berners-Lee）：英国计算机科学家。在瑞士日内瓦的欧洲核子研究组织开发出了万维网，同时也是后来管理该标准的 WWW 国际财团的创始人及法定代表人。

构造之间的不同进行过交流，他们一致认为，人的思考最大的特征就是将不连续的联想或是想法串联在了一起。成年后的蒂姆·伯纳斯－李回忆起这段往事并将它用在了万维网的开发之中。虽然很多时候万维网都被我们想象成是像蜘蛛巢一样的网，但是笔者在这里认为可能将其比作“神经网络”更为贴切。

万维网试图实现的是一个没有中心点的，像人类的神经元之间不时地偶然碰撞结合在一起产生出偶发性联想一样的系统。这一点恰恰就与蒂姆·伯纳斯－李幼时与父亲交谈时提到的人脑的思考模式相似。为了实现这一点，蒂姆·伯纳斯－李在万维网的设计中花费了不少心思。特别是采用了与互联网相同的终端对终端的原理，这就使得任何人都可以不需要得到其他任何人的许可为这一网络增添内容或服务器。

首先，万维网的服务器是任何人都可以在网络上自由进行设置的。为使所有人都能够使用自己开发的服务器软件，蒂姆·伯纳斯－李将其公开在了网络上。

另外，蒂姆·伯纳斯－李创制了名为 URL 的规则，使得在各个服务器上的网页等内容能够通过相同的原理表现出来。这就是大家都很熟悉的 http：// 开头的网址。通过使用 URL，在任何地方的电脑服务器上的网页都可以直接通过指定地址来访问。

万维网中比使用 URL 更重要的一个特征就是引入了超链接的设置。在万维网中，能够对网页中的文字或图像粘贴链接使其能够链接到其他页面等的内容去。为了实现这一链接功能的设计，在其分散型的构成上也花费了很多精力。

蒂姆·伯纳斯－李在设计万维网时，刻意将其设计为被粘贴了链接的一方并不会察觉这一点的单向链接构成。这样，就不需要对链接的站点或网页是否还在维护进行管理。并且，网页本身的制作，也可以通过一般的文字编辑软件打开，能够通过比编程语言简单易懂得多的 HTML 格式来编辑网页。

就这样，万维网的体系结构就彻底地按照人脑一样的设想被设计完成了。这一设想便是，能够孕育出由分散资源碰撞出偶发性的联想。

蒂姆·伯纳斯－李后来离开了欧洲核子研究组织，以麻省理工学院和日本庆应义塾大学等地为基础开始运营起了推进万维网标准化的团体。最初为这一团体提供了最大一笔资金援助的便是美国高等研究计划局（当时已经更名为高级研究计划局）。

通过这一系列的活动，万维网迅速获得了一大批人的关注，而这些人一直在关注着互联网发展新动向。万维网的站点犹如雨后春笋般迅速被建立并壮大，这得益于其采用了终端对终端的原理。同时，在各路人马的开发下，浏览网页用的浏览器也出现了多种版本。进而，根据梅特卡夫定律，万维网的价值呈指数关系增长的同时，已经远远超过了其他系统。

在这之中，有一位在伊利诺斯大学的国家超级计算应用中心工作的名为马克·安德森[1]的年轻人。这一计算中心便是在本节最

1　马克·安德森（Marc Andreessen）：在伊利诺斯大学学习期间，在学校里的国家超级计算应用中心工作，开发了网页浏览器“Mosaic”。后来创办了网景公司。

开始提到的在戈尔提出并获得通过的法案预算支持下建立起来的。对普遍公开的万维网系统拥有强烈兴趣的安德森，在 1993 年开发出了一款名为“Mosaic”的万维网浏览器。

Mosaic 首次添加了能够将图像在文章中混排显示的功能，并且采取了工具栏及通过点击链接等能够更直观地使用鼠标来操作的设计。由于有了这样的设计，Mosaic 迅速成为当时最具人气的应用软件。这也成为非面向研究人员和专家，而是面向普通大众和个人电脑最初的互联网应用软件，也同时开启了自美国西部开发以来新一轮的开垦迁移热潮。

获得了 Mosaic 成果之后，安德森创办了以网页浏览器为主营业务的网景公司。网景公司开发出了相比 Mosaic 在各个方面都更为考究和精炼的系统，也进一步推动了万维网的普及。网景公司在 1995 年公开上市，安德森随之成为互联网业界的第一位亿万富翁。互联网世界淘金热的序幕就此拉开。

感受到网景公司登场带来的威胁，微软公司总裁比尔・盖茨在 1995 年向全公司内部发表了题为《互联网海啸》的备忘录，强调了本公司所有产品都有必要进行互联网的对应，并且决定在当年发售的主打产品最新版个人电脑操作系统——Windows95 中首次搭载互联网连接功能及基于 Mosaic 设计的浏览器。

以 Windows95 的发售为标志，互联网和万维网开始了向个人电脑领域的普及。讽刺的一点是，正如比尔・盖茨所担心的那样，Windows 系统与微软公司的存在感渐渐降低了。

就这样，万维网迅速拓展到了地球的每个角落。无论是吉布森曾预言的赛博空间，还是戈尔构想的“信息高速公路”计划，甚至是蒂姆·伯纳斯-李在为万维网命名时暗含着地球规模神经网络这一梦想，都朝着实现的方向跨出了沉稳的一步。这都将会成为那座直通云霄的巴别塔的一部分，成为它的砖瓦、石土。

谷歌的问世——以实现通过云端知晓世界为目标

网景公司以及 Windows95 的登场使得万维网在更广的范围内得以推广使用。1995 年网站的数量约为 2 万个，到 2006 年就变成了 1 亿个，到 2014 年时更是迅速增长到 10 亿个之多，整体呈现急速增长的趋势。但是，随着万维网的发展，网页的数量急剧增加，渐渐地依靠人力来分类和整理这些网站已经变得越来越困难了。此时，拥有一个不是依靠人力，而是能够通过电脑自动将网页整理并能够检索结果的搜索引擎就显得十分必要了。

搜索引擎究竟是如何做到从数量如此庞大的网页中检索信息的呢？实现这一点最基本的结构是通过使用被称为“网络爬虫”的程序，来逐一访问每一个网页。一般在搜索引擎中通过输入关键词来搜索想要获取的信息。然后，引擎从收集到的所有页面中选择最适合给定的关键词的页面，再由电脑程序进行评定后输出给用户。通过网络爬虫收集到数据的量和新鲜度，以及对页面评价的准确度，是决定一个搜索引擎性能的关键。

在众多搜索引擎中汇集了较高人气的是斯坦福学生二人组拉

里・佩奇和谢尔盖・布林[1]开发的搜索引擎——谷歌。正是这一引擎成为日后万维网的统治者，并创造出了“地球的大脑”。

谷歌是如何实现无法被其他公司超越、具有压倒性优势的搜索引擎的呢?

佩奇自幼就对科技与商业展现出强大的野心，年幼时就读过特斯拉的传记。特斯拉曾是发明家爱迪生的部下，后来却成了爱迪生商业上的竞争对手。这个故事在佩奇幼小的心灵中留下了深刻的印象。特斯拉虽然发明了现在被普遍使用的交流电源，但是作为一个体量较小的公司想要参与电力事业实在是有些困难，因此特斯拉最终将自己的专利以并不是十分昂贵的价格转让给了当时的电力巨头西屋公司。虽然特斯拉取得了无线通信等具有划时代意义的成果，但是作为一名企业家，他在一生中并没有取得什么辉煌的业绩。

佩奇深受特斯拉的技术开发能力及通过交流电源实现的大规模发电站（这会让人联想到后来谷歌实现的信息发电所——云端计算机）的影响。但另一方面，佩奇拥有像爱迪生那样既将自己开发的技术广泛普及，同时又作为一个事业家取得成功的野心。

在斯坦福大学读书期间，佩奇与布林同属于特里・威诺格拉德教授的研究室。威诺格拉德也是在第 2 章中介绍过的早期的人工智能研究学者之一，1968 年到 1970 年之间，由于成功开发出了能够实现在电脑内用自然语言操作假想积木的系统而为世人所知。

---

1 拉里・佩奇（Lawrence Edward Page）、谢尔盖・布林（Sergey Brin）：二人在斯坦福大学读书期间开发出了互联网搜索引擎，后创办了谷歌公司。

但是在进一步推进研究的过程中，威诺格拉德反而感受到了人工智能的极限，转到了同恩格尔巴特一样重视人与机器对话的阵营来。在这样一位既有人工智能研究又有对话型个人电脑研究开发背景的教授指导下，佩奇和布林开发出谷歌这样的搜索引擎，并进一步拓展出更多的服务项目。

佩奇与布林二人均读取了斯坦福大学的博士课程。为了完成博士毕业论文，他们共同选择了为万维网的页面排序这一题目。他们在对这一题目的处理上有相同理念，那就是想要理解更多事物，最好的方法就是分析更多的数据。万维网中迅速增长的数据量对他们而言恰好是分析的最佳对象。

此时，他们为了给网页划分等级，就需要使用到页面之间相互链接的信息。这一考量方法的灵感来源是学术界对于一个学者的评价方法，那就是虽然对于一名学者而言能够出版优秀论文是最重要的业绩，但是对于这一论文价值的评价却是由这篇论文被其他论文引用的频率来决定的。此时，大家要回想一下，万维网中的超链接就是布什和蒂姆·伯纳斯-李为了创建一个能够访问学术论文的电子图书馆而创建出来的。

同时，他们发现如果将这一网页的排序同关键词组合起来，就能够创建出一个搜索引擎。佩奇和布林将成为日后谷歌引导原型的搜索引擎在斯坦福大学内部公开后，马上便得到不错的反响。然而，这一功能的实现相当困难，完成一次检索几乎需要使用全斯坦福大学一半的电脑处理能力。

他们很快便意识到了两件事情：第一是这一搜索引擎背后蕴藏

着极大的商机，第二是要想将其商业化，前期需要巨大的投入。据说，他们与同在互联网初期的服务器领域取得巨大成功的斯坦福大学前辈谈及这一点时，当场就得到了十万美元投资的支票。之后他们便迅速筹集到了追加的资金，创办了公司。

他们从创业之初就没有想过仅仅停留在搜索引擎这一项事业上。他们认为自己企业的任务是“整理全世界的信息，并且让全世界的人们都能够访问并使用这些信息”。企业名也是源自“googol”这一单词，其意义是 10 的 100 倍这样一个庞大的数字。这表示企业以能够实现整理如此庞大规模的数据为目标。

对他们而言，搜索引擎仅仅是完成这一任务的切入点而已。在实际创业不久后接受的采访中，他们表示“谷歌不仅仅是性能相当优异，独具智慧，同时它也有必要理解现有世界，最终发展成为人工智能”“我们希望谷歌能够成为拥有与人类相当的智能的产品”。另外在 2004 年的采访中，他们就谷歌未来发展的愿景表示“希望谷歌能成为人脑的一部分”[1]。

如前文所述，谷歌搜索引擎迅速成了最具人气的搜索工具。通过加入其他公司提供的检索运动型广告，谷歌公司迅速获得了大量盈利。

利用这些收入，谷歌处理的数据种类不断丰富起来。2003 年开始了谷歌图书项目，2006 年并购了 YouTube 等，经过与内容的

1　史蒂文·勒维著，钟远志 / 池村千秋译：《谷歌内幕：谷歌的所思、所为和对我们生活的影响》（CCC media house，2011）

权利人不断交涉，谷歌将所有的信息都实现了数字化处理后达到能够检索的效果。

与此同样引发热议的还有 2004 年谷歌开始的一项新服务——Gmail。随着这项新服务的开启，谷歌进入了一个崭新的电脑领域。由于在 Gmail 中所有的邮件都储存在谷歌的服务器中，因此只要用户有能够联网的浏览器，在任何一台电脑上都可以随时随地访问所有邮件，并且可以检索所有邮件内容。

Gmail 还继承了谷歌搜索引擎的特征，与检索运动型广告相同的是，谷歌能够通过读取邮件内容推送对应的广告。由于邮件是发件人与收件人之间私密交流使用的，这一功能也因为侵犯个人隐私受到了多方批判。即便如此，Gmail 由于其强大的便利性，很快便成为很多人生活中不可缺少的一部分了。

那么究竟是什么支持着谷歌，使它能够提供如此高性能的邮件服务呢？这是因为，谷歌为了驱动高性能的搜索引擎，拥有的大型服务器相比于其他公司具有压倒性优势。

谷歌公司从 2003 年开始构建自己的数据中心。工程师们耗费苦心，他们巧妙地利用摩尔定律，在提升芯片性能的同时降低了预算。结果，谷歌数据中心仅花费其他公司三分之一的预算便成功构建完成。正是这压倒性的价格优势，使得谷歌可以推出 Gmail 这样其他公司无法复制的新服务。

Gmail 的应用软件在谷歌自己的服务器中运行，用户只需要通过网页浏览器便可使用邮箱，这一创新拓展了到此为止电脑的使用方法。谷歌还通过相同的方式提供地图等多样的服务项目。这一方式完全就像是在空中云端世界有一台巨大的电脑在运行一般，因此也被称为云计算。

谷歌大力推进云计算项目的展开，之后甚至开始提供能够在云端使用的系列办公软件——谷歌文件。这已经完全可以在云端置换其竞争对手微软的“Office”系列软件了。

谷歌以万维网的检索功能为切入点，彻底贯彻收集人类创造出的所有信息并将其整理的这一理念，自创立以来大步发展至今。为此，构筑了被称为云计算的信息分析结构体系，在这一体系中有能储存所有信息并对其进行分析处理的巨型计算机。

以互联网为地基，再用万维网这一砖块和水泥创作出来的云端计算机，完全就是能够直通云端天国的巴别塔。谷歌正是凭借着这一压倒性的信息处理能力，像云端天国的众神一样，知晓世间万物，甚至创造出地球之脑。

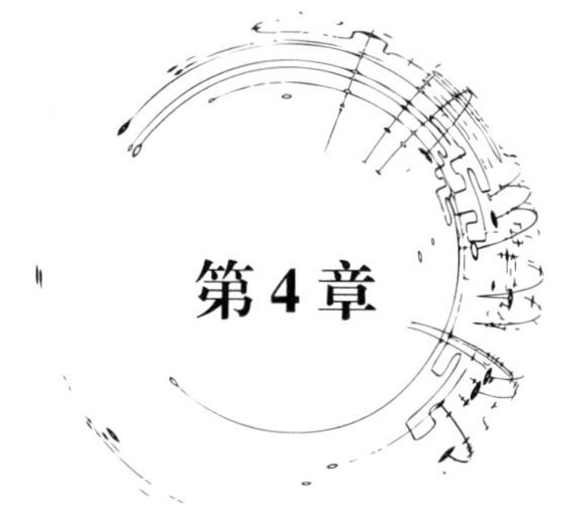

第4章

智能手机是如何占领我们的口袋的?

我试着在脑海里想象了一下互联网像神经网一样在地球上方将整个地球包覆的场景。一个悬浮于漆黑宇宙中，闪耀着青白色光芒的脑。

“地球之脑，嗯，并不怎么感兴趣啊。”

“别这么说啊，我也是在云端的某个地方运行的。”

“是啊，所以才能靠着备份数据复活啊。那皮特你又是在云端的什么地方运行啊？”

“这真是一个很难回答的问题。如果我问玛丽你在自己大脑中的什么地方，你应该也答不上来吧。这是一个道理啊。而且，玛丽你也知道我并不是仅和你待在一起的，我的基本数据是供十亿人共享的。当然，玛丽的个人隐私信息是不会共享到云端的。”

原来如此。能够生产出皮特这样高端的 A.I.D 的公司在世界范围内也不是很多，主要针对个人这一消费群体的也就是 A 公司、G 公司和 F 公司这三家，针对企业的 A.I.D 生产者主要是 M 公司和 I 公司。我因为 A 公司的 A.I.D 设计得很可爱，而且使用方便，所以买了 A 公司的。据说 G 公司的 A.I.D 更智能，也有很高人气。但是也正因为其智能性更高，所以有传言它会收集更多的个人隐私信息，还是让人有些担心。

今天我又来到学校教堂，想与神父说说话。神父坐在里面的房间里，正聚精会神地看着用我完全没见过的文字写成的文献。正当我犹豫着这个时候是不是不应该打扰他，神父抬起头来注意到了我在门外。

“啊，这不是玛丽同学吗？最近来教堂很频繁啊，是不是内心对基督教的信仰觉醒了呢？”

“今天来是为了向您讨教一下命令和支配我们的其他神明的事情的——就是 A.I.D 的事情。”

神父稍稍皱了皱眉头。

“确实最近比起遵从《圣经》的教诲，越来越多的人会更易听从 A.I.D 的指令，着实可悲又可怜啊。”

“是啊，我有的时候是会有些担心的。因为 A.I.D 对我的事情了如指掌，会不会背地里把我的事情告诉其他人呢？很多时候，A.I.D 确实能给我们有用的建议。不过，过于依赖 A.I.D 也不太好。”

神父叹了一口气。

“智能手机和平板设备刚开始流行起来的时候，很多人也是二十四小时全天候地沉迷其中。在更为智能的 A.I.D 出现后，世人更是难得有空闲倾听圣主的教诲了。现在已经离摩西律法的时代越来越远了。刚好我正在读希伯来语的原本。”

“摩西？是那个传说中大海为之分开的人吗？”

“是的，一般人对这一部分的传说印象更为深刻。但是在《圣经·旧约》中摩西是将犹太民族从埃及法老的压迫之下解放出来的人。在西奈山上，他得到上帝亲手交予的平板，并教导犹太人典章及律例，成为一位重要的预言家。”

我惊在一旁。

“等、等一下神父，古代埃及就已经有平板电脑了吗？”

“啊，我说的平板不是曾经流行的平板电脑啦！嗯，日语里面怎么说的来着，石？石板？石板吧！摩西通过这块石板能够听到上帝说的话，与上帝沟通。”

我脑中不禁浮现出了这样一幅画面：留着浓密络腮胡子的预言家，站立在雷声轰鸣的山顶倾听上帝的旨意，他的手中拿着一个平板——或许是一个智能手机，正与云端的天国通信。直到那时为止我还没有注意到这一点，是智能手机拓宽了我们的世界，神奇的是我们已经与这样一个人相遇，这个人与摩西度过了相同的人生，并且他是一个帅哥。

比剑更强大的是笔，比笔更强大的是手机

第 3 章中我们已经看到全球化和互联网的发展已经随着冷战冰雪的融化，充满希望地扬帆启程了。比如，政治学家弗朗西斯·福山在《历史之终结与最后一人》一书中就宣告“自由民主”与资本主义体制取得了决定性胜利，围绕争夺霸权展开的历史已经终结。

然而，这样美好的希望并没有维持很久。2001 年 9 月 11 日，恐怖主义者劫持飞机对美国纽约世贸中心大楼和国防部五角大楼等进行了自杀式袭击。时任美国总统的布什宣布与恐怖主义开战。美国以伊拉克藏有大规模杀伤性武器为由开始了伊拉克战争。冷战后，唯一的超级大国美国的霸权像曾经的罗马帝国一样，但由美国这一世界警察维持着世界和平秩序的时代，犹如被撞毁的双子塔一样崩塌了。

被认为谋划了“9·11 事件”的基地组织以及在其鼓舞下建立起来的恐怖组织 IS，使中东地区一直处于不稳定的状态。同时，美国霸权势力的削弱也引起了中国和俄罗斯等国家势力的崛起。所谓全球化比起带来备受期待的地球市民社会，反倒是为世界各民族和宗教之间的对立提供了更广泛的战场似的。

《圣经》在《创世记》之后的《出埃及记》中讲述的是受尽凌

辱的犹太民族逃离埃及，建立起自己的民族国家。这一章中的主人公是在圣经故事中十分有名的摩西，相传他是让海为之开路的人。

摩西出生时，埃及法老下令屠杀犹太人的新生儿，摩西的母亲为了让自己的儿子免于罹难，将他置于河中随水流走，之后摩西被皇族捡到并养育成人。后来摩西因为犯下杀害埃及人的重罪逃出了埃及，但是在接受了神谕命其领导犹太民族后，他再度返回了埃及。

摩西在西奈山得到了记载神谕的石板，并将犹太人引领到了上帝许诺的土地迦南来。此时，摩西将写有戒律的石板放入法柜，这成为传递上帝旨意的“通信机”。而这法柜同时也是打败敌军的武器。

对现代电脑产生极大影响的人物之中，有一个人与摩西的生平有着惊人的相似之处。是的，这个人就是史蒂夫・乔布斯，他创造出了改变世界的“上帝的石板”——智能手机。

在本章中我们将以带领我们走进移动计算领域的人物史蒂夫・乔布斯的故事为主，来讲述智能手机这个将我们与云端天国相连的“石板”是如何诞生的。

伴随着预言家史蒂夫・乔布斯的放逐而诞生的掌上电脑

与摩西相同，史蒂夫・乔布斯的一生也是从被亲生父母抛弃开始的。史蒂夫出生时他的父母还是研究生，因此把史蒂夫作为养子赠予了住在圣何塞的乔布斯一家。

我们可以想象，自幼被亲生父母抛弃的经历，很可能是乔布斯在日后形成与人接触时人格障碍及偏执且追求完美主义的性格特征的一大原因（当然不可以以偏概全）。正如我们在第 2 章中讲述的那样，非主流文化主张探求个人内在的追求，由此可知，这对于乔布斯倒向非主流文化也产生了一定的影响。

乔布斯的亲生父母在将他交予养父母时提出了一个条件——一定要让他接受大学教育。虽然后来乔布斯进入了以进步校风著称的里德学院学习，但是由于他对个人认知的无意义判定使得他失去了对大学教育的兴趣，选择了中途退学。另一方面，对大学教育本身的思考也与后来乔布斯的工作相联结。

20 世纪 80 年代后，就在苹果电脑发售前夜，时任苹果公司总裁的乔布斯与当时百事可乐公司的总裁相识，他对百事可乐公司总裁说了这样一句话：

“你是想卖一辈子糖水，还是跟着我们改变这个世界？”[1]

当时已经坐在大公司总裁位置上的这个人物，被这句话所动摇，决定加入苹果公司。后来，他将邀请自己加入苹果公司的乔布斯赶出了苹果公司。这个人就是约翰·斯卡利[2]。

而另一方面，乔布斯作为一名企业经营者资历尚浅，因而他将目光转向当时被誉为营销天才的斯卡利，成功说服他，并挖了百事

1　沃尔特·艾萨克森著，井口耕二译：《史蒂夫·乔布斯传》（讲谈社，2011）

2　约翰·斯卡利（John Sculley）：原百事可乐公司的 CEO，后成为苹果公司的 CEO，并将史蒂夫·乔布斯赶出了苹果公司。提出了掌上电脑这一概念性的设想，并开发了“牛顿”。

可乐的墙角，可以说是乔布斯企业经营一定程度上的成功了。当时两人一起登上杂志封面，进入了被外界誉为“动态二重奏”程度的“蜜月期”。

然而，好景不长。下了大力气宣传，在众人关注和期待中发售的第一代苹果电脑性能很差，很难让用户有好的使用体验。结果，由于苹果电脑没能取得很好的业绩，苹果公司在当年第一季度就出现了财务赤字。

斯卡利感到，乔布斯独善其身式的待人接物方式渐渐在公司内造成了很大的不满和摩擦，于是他向董事会提议解除乔布斯的职务。乔布斯就像是被法老放逐的摩西一般，被从自己一手创办的公司赶了出来。直到十多年后，乔布斯才重新回到苹果公司。

斯卡利在将乔布斯这个对未来产品极有远见的预言家赶出苹果公司后，自己试图承担乔布斯的这一角色。1988 年，苹果公司公开了 21 世纪电脑的概念宣传片《知识领航员》。

这个概念宣传片中展示的设备像是将 iPad 对折后的平板电脑，使用者通过与一个系着领结的人工智能情报员用语音对话来搜索信息、调整日程安排。这场景就像是现在我们在使用 Siri 一样。

斯卡利致力于推进实现电子秘书一般的掌上电脑（PDA）这一理念。1993 年，苹果公司推出了第一代掌上电脑，这一新产品被命名为“牛顿”，这是源于牛顿被苹果砸到脑袋后发现了引力的存在这一故事。而这个名字仿佛预示了这一新产品及苹果公司之后的命运。

自苹果电脑后时隔十年推出的新电脑“牛顿”，在发售之初受到了极力热捧，因为这一产品创造性地配备了通过笔来输入文字和描绘图形的交互界面。然而，用户在实际使用过后，对新产品的热情便消耗殆尽——手写输入分辨的准确率太低，几乎无法流畅使用。结果，“牛顿”失去了苹果原来的用户群。同年，斯卡利从苹果公司辞职了。

知识领航员这一理念，是具有先见之明的，可以说是后来创造平板电脑和 Siri 的灵感来源。但是，斯卡利在“牛顿”这一产品上实现这一理念的行动却失败了。他试图发挥乔布斯“预言家”职能的尝试也宣告失败了。之后，苹果公司一落千丈。

另一方面，被赶出苹果公司的乔布斯流浪在追寻下一个苹果电脑的旅程中，得到了后来接连创造出奇迹的灵感和启发。

史蒂夫 · 乔布斯挑战的“下一个”种子

被苹果公司赶出来成为流浪之身时乔布斯年仅 30 岁。虽然依靠苹果股权的收益他已经成为一位亿万富翁，但他感到此时隐退还为时尚早。他相信自己可以开发出能够超越第二代苹果电脑的产品。

乔布斯的脑海中有了一个新的想法。苹果之后的各类用户中占据最大份额的是大学等学术研究机构。从学校中途退学的乔布斯开发出的电脑却在大学中得到了极高的人气，这一点不得不说是很讽刺了。

针对这些学术研究机构的大客户群，乔布斯计划开发出比苹果电脑拥有更高处理能力的电脑，并成立了 NeXT 公司。公司以“N”打头的名字可能也暗含了“M”打头的苹果 Mac 的“下一个”之意吧。

实际上，万维网最初是面向这一 NeXT 电脑开发完成的。这一 NeXT 技术后来被应用到了苹果电脑的新一代操作系统中，发展成为现在的 Mac OS X，并且被应用到苹果手机和平板电脑中，成为 IOS 系统的基础。

NeXT 的开发是从 1985 年开始的。在变化十分剧烈的计算机业界，能够持续使用 30 年的技术实属罕见。NeXT 为何拥有如此强大而持久的影响力呢?

解开这一疑问的关键在于 NeXT 是基于 UNIX 操作系统来实现的。UNIX 系统是 20 世纪 70 年代左右由 AT&T 公司旗下贝尔实验室开发出来的。这一系统是由通信公司开发的，从设计之初就能够在互联网通信环境中流畅使用。

更进一步说，UNIX 系统的起源可能要追溯到分时系统。分时系统是利克莱德为了更好地使用互联网，在麻省理工学院等机构资金的支持下开展电脑结构研究过程中提出的。

当时，世界上仅有数量有限的大型电脑，利克莱德等人创造出了将电脑处理的运算过程分散到通过网络联结在一起的多个终端上去的结构体系。UNIX 在继承了这一特点之上，开发出了一些新功能，如接入互联网、能够支持多个用户同时使用以及同时运行多个程序等。

UNIX 凭借这些强大的功能迅速在企业及学术机构中普及开来，在互联网开放商用之前几乎所有这些地方的高性能计算机使用的都是 UNIX 系统。因此，互联网主干部分的开发几乎都是在这一系统下完成的。NeXT 是面向学术研究使用的高性能计算机而开发出来的系统，因而在这些机构中使用 NeXT 就变得自然而然、顺理成章了。在这一背景下，又使用 NeXT 的系统实现了万维网的开发。

NeXT 建立在 UNIX 的强大基础之上，同时具备了更便于开发软件的环境和不输于苹果电脑的优越操作性能等优势，迅速获得了极高的评价。但是，与苹果电脑这样的个人电脑相比，NeXT 价格过高，虽然被最初的目标客户群学术机构及对安全性有极高要求的金融机构等接受，但仅仅局限于此，市场规模还是十分有限的。

由于并没有取得预想的销售量的突破，NeXT 从电脑硬件设备的生产销售中退出，将主要精力放在了软件开发这一领域。这一时期恐怕是乔布斯人生中最困难的时候。

另一方面，在与电脑开发完全不同的领域，乔布斯作为明星企业家重新得到了认可。1986 年，拍摄了《星球大战》系列电影的乔治・卢卡斯率领卢卡斯影业公司，来询问收购其公司旗下的计算机动画制作部门的意向。乔布斯在并购了这家公司后，曾销售过一段时间用于计算机动画制作独有的电脑和专用软件等产品。

然而，该公司旗下来自迪士尼公司的动画作家们一直有一个梦想：制作一部本公司自己的计算机动画电影。成立九年后的 1995

年，该公司制作了第一部长篇动画电影《玩具总动员》，并且经由迪士尼的转播获得了巨大成功。这一动画制作公司皮克斯因此在世界扬名，乔布斯也作为一个经营者实现了华丽回归。

后来皮克斯被迪士尼收购，乔布斯成为迪士尼的股东。皮克斯的成功不仅使乔布斯从被苹果公司驱逐的伤痛中走了出来，同时也为他今后的人生带来了重要机遇和转折。他自己获得了成长，并从经历了荣光和挫折的硅谷离开，成为与好莱坞娱乐产业齐名的人物。这一经历也在他回归苹果公司后成为推进他发展电脑以外产业的原动力。

就这样，虽然由于“从自己的故土被放逐”而彷徨失落，但正如后来乔布斯在斯坦福大学毕业典礼上的演讲中提到的一样，从结果来看，如果他没有 NeXT 和皮克斯的经历，可能也没有办法实现回归苹果公司后带来的一个个奇迹般的创新。就如同摩西在彷徨中作为引领犹太民族的圣人接受着上帝的启示一般，乔布斯也在这样的彷徨之中获得了电脑未来发展方向的愿景。

嬉皮士与好莱坞在沉睡后孕育出的白皮肤的音乐家

乔布斯凭借皮克斯成功回归后，苹果公司却陷入了危机。苹果电脑在乔布斯离开苹果公司后，凭借其实际使用中的优良用户体验，成功开拓了以出版界和音乐界为主的市场，并逐渐发展成为苹果的主打产品。

然而，竞争对手并不会坐以待毙，看到苹果公司的成功他们早已垂涎三尺。1995 年面世的 Windows95 与此前的版本相比已经极其接近苹果电脑的用户体验，苹果的绝对优势地位受到了挑战。

苹果寄予厚望的下一代产品“牛顿”在经历惨痛失败后，斯卡利也离开了苹果公司。苹果公司以改良苹果电脑操作系统为目标的企划也以失败告终。苹果公司已经不用说凭借自身的力量推动苹果电脑的进化了，甚至连公司本身的存亡都陷入了两难。斯卡利之后的经营者最终还是决定从外部购买系统用于苹果电脑上，而他们的选择正是乔布斯领导下的 NeXT。1996 年，乔布斯回到了自己的“故乡”。

乔布斯回到苹果公司后，迅速将邀请自己回归的经营者们赶出苹果公司，掌握了整个公司的经营实权。重返苹果公司领导层后，乔布斯最先做的一件事就是彻底消除斯卡利遗留下来的“牛顿”。

之后仅用了不到五年的时间，有着澳大利亚邦迪海滩颜色的 iMac 和基于 NeXT 系统开发出的下一代操作系统 Mac OS X 等产品得到了市场的全面肯定。同一时期，正如苹果电脑初次发售时使用过的“1984”广告创意一样，苹果采用了世界名人们使用的“非同凡想（Think Different）”这一品牌宣传广告。

为了在苹果公司内外再次确认“只有疯狂的人才能改变世界”这一苹果或者说乔布斯本人的信念，爱因斯坦和甘地等世界上的伟人纷纷在苹果的广告中登场。这些伟人中有一个日本人，这个人就是能够代表战后日本企业的索尼公司创始人盛田昭夫，乔布斯十分尊敬他。

索尼这个名字能够为世界所知晓是因为索尼公司开发出了世界上第一台半导体收音机，还使用晶体管这一电子元件生产出了随身听这一畅销世界的产品。索尼，就如同是晶体管带来个人电脑的这一革命中诞生于远东地区的另一个兄弟一般的存在。

苹果产品中也搭载了许多索尼公司生产的部件。比如，在第一代苹果电脑中就使用了索尼公司生产的软盘驱动器。双方就这一合作意向交涉时，乔布斯得到了盛田昭夫赠予他的刚刚开始发售不久的第一代随身听。还有逸闻说，之后乔布斯访问日本时，也购买了最新发售的新款随身听。

就在苹果公司即将历经艰辛完成 NeXT 系统对苹果电脑的适应性调试时，遭遇了乔布斯回归以来第一次严峻的挑战。那就是，苹果产品没有跟上在消费者中逐渐流行起来的电脑发展新趋势——数码音乐。

当时，音乐的主要载体是 CD 唱片。但是在年轻人中已经开始流行将唱片中的歌单按照自己的喜好重新编辑再刻录成自己的原创 CD 这样的风尚。这就需要使用搭载 CD 驱动器的电脑来将音乐从 CD 中下载到电脑中并转存为 MP3 格式，这样才能够实现在便携式音乐播放器中播放或是将其重新刻录成 CD 的需求。但是，苹果的产品中并没有装载能够刻录光盘的驱动器，这就使得用户在听音乐和处理、编辑音乐上都显得十分不便。那个时候，苹果公司陷入了 iMac 开始发售以来第一次财政赤字。

然而，苹果公司正是要从这样的逆境中绝地反击。2000 年，苹果公司收购了一家小公司开发的音乐软件，仅用数月的时间就将其重新改造，并新发售了 iTunes。

同时，苹果公司发售了搭载能够刻录光盘的驱动器的新苹果电脑。此时，苹果公司并没有止步于数字音乐领域，而是提出了“数字中枢”战略，要实现对包括照片、视频等形式在内的个人数字资源的记录、整理和使用等功能，并扬言苹果电脑要成为个人数字生活的中枢。

大约十个月后，乔布斯发布了“数字中枢”战略下的第一款产品，这是一个只有普通烟盒大小，被纯白色塑料外壳包覆的产品。是的，这就是能够将 1000 首曲目装进口袋随身携带的 iPod。

此时“9·11 事件”刚刚过去一个月。美国与整个世界像是再次陷入了越南战争的泥沼一样，陷入了同恐怖主义无休止的斗争。2001 年这一宣告新世纪开始的年份，并没有出现期待中的 HAL9000，而是以恐怖主义与音乐播放器这样意想不到的组合拉开了新千年的序幕。

由于 iPod 不连接苹果电脑就无法使用，在发售之初并没有迅速为消费者所接受，也有看法认为 iPod 并不能战胜随身听赢得音乐爱好者的市场。然而，2003 年 iTunes 兼容了 Windows 系统，苹果公司同时发布了能够直接下载、购买音乐的 iTunes 商店。由此，iPod 人气大涨，无论在世界的哪个城市都能够看到街上行人耳朵里戴着的白色耳机，这白色耳机也正是 iPod 的象征和标志。终于，iPod 战胜了乔布斯尊敬的索尼的主打产品。

同时，iTunes 商店的销量超过了音乐唱片实体店，成为世界最大的音乐零售店。曾经仅仅是一家电脑公司的苹果，在短时间内成为音乐播放器及音乐销售两个领域的世界第一。乔布斯去世后的第二年，即 2012 年，苹果公司对于音乐业界的贡献为世界所认可，获得了格莱美特别贡献奖。

iPod 是作为苹果电脑周边产品设计上市的，却如此成功，这也正是推广开发了商用个人电脑公司开发出来的产品的风范。但是，促使 iPod 取得成功的第二个重要决断——兼容 Windows 系统以及开办收费音乐商店，却是从过去的乔布斯及苹果公司的立场来看难以想象的一个决策。毕竟曾经的乔布斯和苹果公司是站在 IBM 公司的对立面的，这也是受《全球概览》主张“人们希望信息是免费的（自由的）”的黑客文化浸染的象征。

在发布 iTunes 商店时，乔布斯称：“用户如果能够以合适的价格和便捷的方式购买音乐，那么谁都不会想成为一个小偷。”这番话与其说是出自一个嬉皮士之口，倒不如说是出自一个娱乐产业股东的发言更为恰当。大家不要忘记，乔布斯依靠皮克斯的成功确实成了一名娱乐产业界的股东。

推出 iTunes 商店的想法要想得以实现收益，就必须得到担心盗版音乐为公司带来损失的音乐唱片公司巨头的支持。在说服这些公司的时候，乔布斯经营娱乐产业公司的经历成了一个很大的利好因素。

现在，嬉皮士和黑客与住在好莱坞山丘上的资本家们共寝同眠已经不再稀奇。iPod 作为嬉皮士和黑客们的孩子，已经不再是像《全球概览》那样创造和提供信息的存在，而是适应了音乐及万维网等内容消费产业的产品，并且成为苹果公司“i”系列设备的

“长子”。

设计制作了 iPod 中主要部件及操作系统的实际上是曾经开发了“牛顿”电脑的中坚力量。在将掌上电脑这一梦想具象化实现的过程中，斯卡利的“牛顿”是失败的。但出乎意料的是，其设计理念却在音乐播放器上开花结果。之后，从结果上来看，由 iPod 进一步进化而来的产品是在渐渐接近人们手持电脑的梦想。

正如带领犹太人跨越红海，并与上帝缔结合约的摩西一样，回归后的乔布斯从一个嬉皮士蜕变成为一个沉稳的经营者，并依靠邦迪蓝色的苹果电脑和纯白色的 iPod，成为将电脑带进我们日常生活的领航人。

“心的社会”是世界上第一个成功运行的移动互联网设计

就在 iPod 席卷整个世界的同时，另一类便携式电脑也正逐渐占领人们的口袋，那就是诞生在远离美国西海岸的远东黄金之国日本的设备——手机。

13 世纪，旅行至亚洲的商人马可·波罗将所到之处的见闻汇集到了《马可·波罗游记》(《东方见闻录》) 中。其中，讲述了一个拥有全部用黄金建造的宫殿、遍地财宝的国家——齐潘古。虽然是在讲述日本的事情，但是大体是凭空想象描绘出了一个黄金之国。这一黄金之国的形象极大地刺激了当时的欧洲强国，被认为是拉开大航海时代序幕的一大动机。

受《马可·波罗游记》的影响，一个名叫哥伦布的人扬帆远征大西洋，领导了欧洲人对于美洲大陆的征服和掠夺。在这一大航海时期里，实际上也有基督教传教士来到了日本。

日本最大的移动通信公司恩梯梯都科摩（NTT docomo），1999 年开始了日本国内最早的移动手机互联网服务——i-Mode。在从美国留学归来经受互联网洗礼的夏野刚[1]这一“传教士”的率领下，i-Mode 上市一年就有了 100 万用户，上市一年半增长到 1000 万，两年达到了 2000 万，实现了用户群的迅速扩大。

并且，在 i-Mode 这一平台上还发展出了彩铃、彩信和游戏等各种各样的衍生产品。

那么究竟是什么使得 i-Mode 取得了如此巨大的成功呢？夏野刚在自己所著的书中讲到，这是因为在麻省理工学院受到了明斯基有关“心”的理论极大的影响。而这又是怎么一回事呢？

明斯基在其最著名的作品《心智社会》中对人类思维的过程做出解释称，人类的心，也就是思维并非一直以来人们所想的那么简单，而是有许多的“情报员”在相互合作和竞争，才从整体上完成了一次次有意义的活动，也就是说人的心，即思维是如同社会一般的存在。

夏野刚受到明斯基这一说法的影响，认为并不仅仅是移动通信公司，同时也要将内容及服务的开发者，甚至是一般的用户都很好

1　夏野刚：自美国留学归国后，参与了恩梯梯都科摩（NTT docomo）i-Mode 的开发。现在 Kadokawa dwagonn、世嘉枫美以及 GREE 等企业任董事职务。

地代入这一系统中来，其结果是完成了能够让 i-Mode 整体流行起来的设计。

这一结果使得 i-Mode 成为智能手机的先驱，在世界范围内取得了首个移动互联网通信服务的成功。

脑科学引导了掌上电脑的成功

i-Mode 取得了成功，但世界电脑及移动通信领域的从业者并不会坐以待毙。追寻着黄金之国齐潘古财富的移动互联网航海者们，像是大航海时代下的欧洲一般，将整个世界收入其支配之下。即便“牛顿”失败了，世界上的各类企业和个人仍在努力尝试开发能够使用网络和应用软件的掌上电脑与手机。

在实现跨越“牛顿”的失败，成功开发出掌上电脑的过程中，大脑科学意外地发挥了决定性作用。作为其结果，成功开发出的手机被称作“智能手机”，也让我们感受到一种冥冥之中的因缘和合。

这一节的主角是杰夫·霍金斯[1]。他曾是英特尔公司的一名工程师。有一天，当他看到一本自然科学杂志的大脑特辑后，对于大脑的构造究竟是怎样的产生了强烈兴趣。他向英特尔公司提出要开展

1 杰夫·霍金斯（Jeff Hawkins）：掌上电脑制造商 Palm 公司创始人，开发了同名掌上电脑并首次取得商业上的成功。后来设立红木神经科学研究院，基于人脑构成的研究继续推进开发人工智能。

人脑的研究，但并没有被采纳。之后他想进入麻省理工学院的人工智能研究所，也惨遭拒绝。

霍金斯并没有放弃，自己开始了 IT 事业并为此筹措资金，进而将其运用于开展人脑的研究。此时正值“牛顿”开始发售的前夜——1992 年，掌上电脑将成为超越个人电脑的存在，这一期待在全社会都被无限放大了。霍金斯创办了 Palm（意为“手掌”）公司，1996 年第一次发售同名掌上电脑，18 个月内就售出 100 万台，成为当时的热门商品。

我们如果考虑到当时十分有名气的苹果公司大力宣传的新商品“牛顿”上市两年才售出 14 万台这一事实的话，这个刚刚起步的创业公司所取得的成功着实令人惊叹。那么 Palm 是如何实现“牛顿”没能做到的实用性的呢？这背后有着霍金斯关于大脑设想的支撑。

正如我们在前一节讲到过的那样，“牛顿”上市遇冷最大的原因是手写输入识别的准确度不够高。实际上问题在于，准确识别的情况与没能识别出来的情况混在了一起。霍金斯认为这一问题能够参考人脑处理相应问题的部分来进行改良。

霍金斯解释道，所谓人脑，是将输入的信息与过去的记忆相对照、重组，然后对可能发生的事情进行预测的一种“装置”。对于人脑而言，更希望事情按照预测好的结果发生，因为此时人脑更多的是无意识处理。然而，如果发生了预测范围之外的事情，人脑就需要将更多的精力分配到处理这件事情上去。由于“牛顿”多数情况下并不能按照手写人想要输入的信息作识别，因此在输入人的大脑中，每多输入一次都会加深一遍其识别功能不完善的印象，进而产生不悦之感，导致用户体验大幅下降。

那么能否通过提升电脑的智慧实现完全无误地准确识别呢?这里便遇到了一个技术上的难点。针对这一点霍金斯根据自己的设想，转变了思考方式，不是让电脑去迎合人类，而是让人类去适应电脑，通过要求人们在输入时使用一笔完成的简略化罗马字母输入法，使得电脑实现了正确率接近百分之百。

同时，霍金斯在其他方面也对自己设计一个适应于“人脑”的设备这一理念有所体现。例如，只要按下切换软件的按钮，画面便立即完成切换。这样，霍金斯通过适应“人脑”的设计细节，使得Palm 有了极为卓越的用户体验，并取得了商业上的极大成功。

正当 Palm 大热之时，也就是 i-Mode 上市的 1999 年，又在令人意想不到的地方出现了新的挑战者。加拿大的传呼机公司开发了新产品短信传呼机，该产品的特点是为传统传呼机配备了与电脑相同的全键盘。这一产品一经发售便引起轰动。之后奥巴马在就任美国总统时曾表示将在美国白宫使用该产品，也一时间成为热议。这一产品就是黑莓手机。

黑莓手机获得了一大批以外出时也需要发送邮件的商务用户为中心的像中毒了一样的忠实用户，甚至获得了“克拉克（可卡因的别名）浆果”这样的别称。发展到这一阶段，掌上电脑与手机相融合的趋势已经日渐明了。霍金斯在 2002 年发布了将 Palm 与手机融合的终端设备 Treo。这便是拥有“智慧”的手机，即智能手机带来的最初的浪潮。

之后微软及诺基亚等大公司也开始进入智能手机市场，Palm 逐渐失去了其发布之初的影响力。无论如何，这一时期所有的智能手机都将被后来出现的“上帝的石板”击溃……霍金斯后来离开了 Palm 公司，为了潜心研究自己最初的梦想——脑科学，创立了自己的研究院。之后，他在人脑的研究中，也获得了不亚于 Palm 在掌上电脑领域影响力的成果。

“上帝的电话”iPhone 改变了一切

21 世纪的头十年里，电脑及移动通信业界正如我们所介绍过的一样，掌上电脑、音乐播放器及高性能手机等层出不穷。然而无论是哪一个产品都不能称作是足够好用的电脑，也都没有充分发挥网络的性能。此时的移动电脑仿佛是刚刚摆脱埃及人统治的犹太人一样，不知道自己该去向何方，流浪于荒野。

此时，正如犹太人请求摩西为他们指明去向一样，人们对于苹果公司的期待也越来越高，就如同其 iMac 和 iPod 指明了互联网时代电脑发展的方向一般。

2006 年左右，有消息称苹果正在开发手机，并且这一产品与 iMac 和 iPod 一样，是革命性的产品，一时间这样的传闻甚嚣尘上。同年的圣诞节，知名科技博客 Gizmodo 就报道称期待苹果开发的手机产品。

“我们还是需要救世主的指引。愿我们只是牧羊人，愿史蒂夫·乔布斯能在两周后的发布会上发布印有苹果标志的手机，真正的上帝的电话（Jesus Phone）jPhone”。

2007 年 2 月，世人终于等到了这一天。对于备受瞩目的手机产品发布会，乔布斯却相对轻松地进行着。照这个形势下去可能这个发布会不会有什么让人眼前一亮的东西了——正当在场的观众开始有了这样的念头时，他们感受到乔布斯渐渐不再那么幽默与轻松，连在场的观众间也不由得弥漫着一种紧张的气息。

“接下来要发布的是将会改变一切的新产品。像这样的产品，在这一生之中即便只是参与了一次它的开发，不也是相当幸运的事情吗？可能是源于幸运，迄今为止苹果公司已经创造出了能够改变世界的产品 iMac 和 iPod。今天，我们想在这里再发布三个与之相当的新产品。”

现场观众爆发出充满期待的掌声和尖叫。

“首先要为大家介绍的是搭载了触摸屏的 iPod。接下来是革命性的手机。然后是互联网设备。是的，iPod、手机、互联网设备……大家有没有注意到，这三样设备并非单独的三个产品，而是一个设备。我们将之命名为 iPhone。”

乔布斯声音浑厚地宣布：

“今天，苹果将重新定义手机。”

“上帝的手机”——iPhone，在其向世界展现真面目的瞬间就被雷鸣般的喝彩所包围。自那以后，我们的世界就被彻底改变了，想必大家都已经十分清楚了。2015 年，全世界已经有 20 亿人也就是地球总人口的四分之一以上的人正在使用智能手机。

随后我们将智能手机应用到了生活的方方面面。iPhone 以及相同级别的安卓智能手机，各自能够使用的应用软件数量已经超过 100 万个。当然，作为互联网设备的一种，其使用占比也大幅超过了个人电脑。2014 年，苹果公司仅 iPhone（不计 iPad 和 iMac）的销售额就达到了 14 万亿日元。这一数字甚至超过了 2012 年印度尼西亚整个国家的年度财政预算。

正如乔布斯介绍的一样，iPhone 是将我们目前为止介绍过的各类移动电脑设备特点集于一身，同时在所有方面的性能都大幅度提升了的革命性产品。

首先，iPhone 能够作为一个 iPod 使用。音乐自不必说，视频等内容也都可以在前代产品中未曾有过的大屏幕下观赏。当然它还可以作为一部手机使用。其作为手机的性能也远远超过当时性能最高的日本手机，具备更丰富的邮件系统以及屏幕推送通知消息的功能，还有相当于电脑的网页浏览器以及收费内容的接收、播放等功能。

并且，iPhone 还具有与电脑相同的运行应用软件的功能。iPhone 搭载的应用软件与当时同类竞品均不相同，是一种能够获得与电脑相当的功能和用户体验的应用软件。

iPhone 究竟是如何实现这些功能的呢？解答这一问题的关键就在乔布斯在流浪时代得到的启发——NeXT 系统之中。根据摩尔定律，在 20 世纪 80 年代仅能在价格昂贵、性能高的电脑上使用的操作系统，经过与苹果电脑的对应优化搭载，现在已经成为能够在仅有手掌大小的手机硬件中使用的操作系统了。其结果是上述的所有功能都以不逊于其在电脑上的表现，呈现在了手机当中。

iPhone 能够实现如此多功能的另一个重要原因在于其操作性能。iPhone 可以独特地实现通过多个手指同时流畅地操作，获得极佳的用户体验。

实际上根据乔布斯本人所讲，最初其实是想将触摸屏这种新方式应用于开发后来的 iPad 那样的平板电脑的。但在开发的过程中发现能够用这一技术制造手机，因此才改变了开发方向开始了 iPhone 的研制和开发。

后来，乔布斯在发布 iPad 的时候，美国《华尔街日报》登载了这样的一则笑话："上一次因为一个板子成为如此大的话题的时候，上面还写有律法。"摩西在西奈山上得到了上帝授予的石板，上面记载了上帝与犹太人之间约定的律法。上帝将这块石板收入被称为法柜的箱子中，并且命令其置于手边，上帝通过法柜从云端天国向犹太人传递圣意。

《星球大战》的导演参与制作的"夺宝奇兵"系列电影的第一部作品就是《法柜奇兵》，主要讲述了印第安纳博士与纳粹围绕争夺法柜展开的故事。

电影中印第安纳博士的竞争对手有过这样一段解释性的台词："你知道这法柜的真面目吗？这是一个通信器，是能够与上帝通话的无线装置。"

iPhone，为了能够使用云端的资源首次在手机上搭载了相当性能的电脑。这块"上帝的石板"，已经通过智能手机与四分之一以上的人类缔结了一天二十四小时都与云端相连的契约。

选择智能手机近似于信仰的告白

把乔布斯赶出苹果公司的“伪预言家”斯卡利，提出了无论在何时何地都能够作为个人助手的掌上电脑这一设想，并开发了“牛顿”这一产品。

“牛顿”没有受到市场的接纳而以失败告终。然而，“牛顿”本身却成为后来引起数码音乐革命的 iPod 的基础，并且同开拓出实用性掌上电脑，以及智能手机道路的 Palm 密切相关，可以说“牛顿”的基因被切切实实继承流传到了未来。

另一方面，“远东的黄金之国日本”，通过将自身的技术力量与美国传来的互联网融合，创造出了拥有巨大财富价值的移动通信网络。重返苹果公司的真正预言家乔布斯，在其彷徨时代得到的互联网时代下的操作系统和经营内容产业的经验之上，创造出包含所有移动设备功能，并均实现性能大幅度提升的“上帝的石板”——iPhone。

iPhone 是能够通过不同的应用软件变成不同媒体的电脑，单就这一点来说它又是图灵和艾伦·凯设想的“直系后代”。这一功能是在利克莱德描绘的为了连接银河间网络而设计的 UNIX 基础之上，继承了苹果电脑的优秀设计而实现的。连接网络后，iPhone 能够在任何时间和地点充分享用网页与云端的资源。这样一来，iPhone 可以说是当时历史上所结智慧之果的集大成者。

iPhone 和紧随其后的安卓智能手机究竟给世界带来了什么呢？这就是，我们人类中的一大半都可以在任何时间和地点与云端的智慧相连。

这一时代的两大流派，苹果和谷歌存在结构体系之差。原本个人电脑和现在的智能手机都是由苹果公司开发的，但相比于苹果的华丽，诞生于互联网和万维网的谷歌则更侧重实用，并不直接花费金钱，也向更多的人开放。选择智能手机这件事，并非单纯选择手机型号的问题，而是要选择归属于不同结构体系的哪一方。结构体系之差，在之后即将到来的将身边所有的东西都同网络相连的智能世界中将有更为重要的意义。

第二部

人工智能的启示录

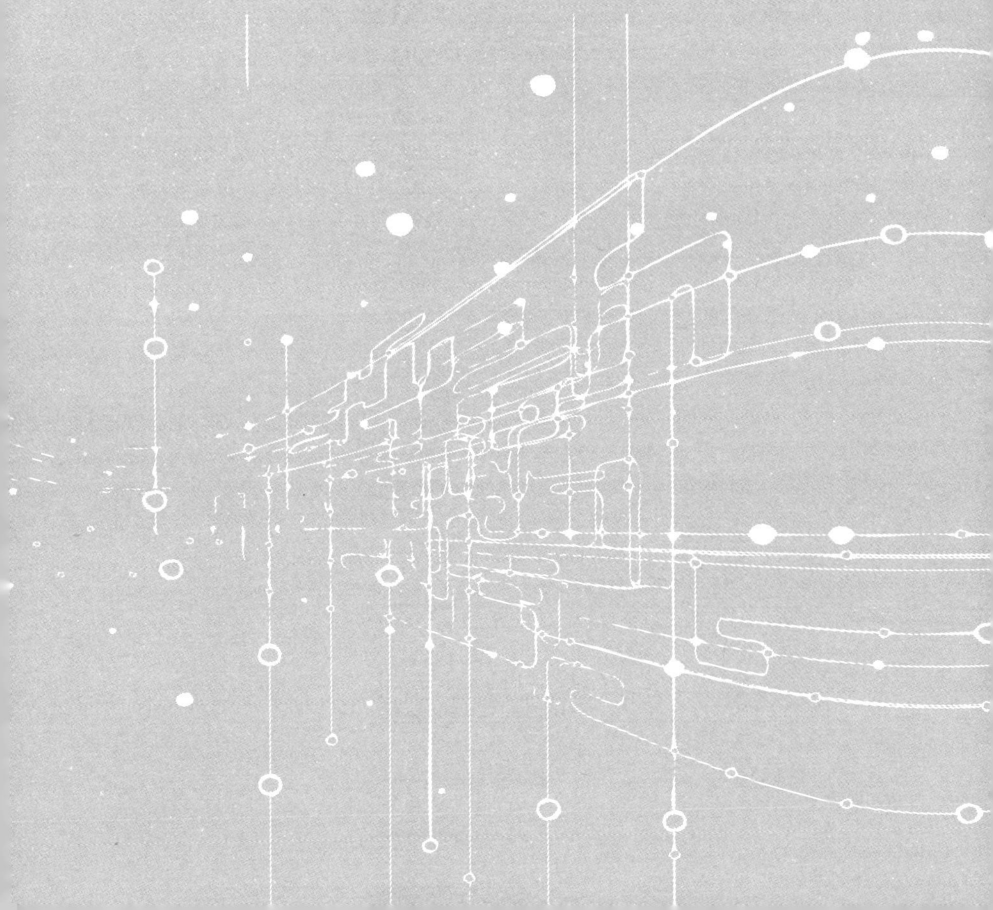

第5章

人工智能真的能超越人类吗?

我小的时候也时常悄悄玩玩爸妈的苹果手机，看看 YouTube 上的视频。那个时候大人们也是整天都拿着手机，大部分人的状态都像是中了手机的毒一样。

尽管如此，在 A.I.D 出现后这个世界还是发生了彻底的改变。现在还在使用智能手机的人，不是上了年纪的老年人，就是像中岛教授这样有怀旧情怀的人。但在我看来智能手机说到底还只是一个道具，或者说是一个工具。现在唯一还记得的就是有一次不小心长按了 home 键后，苹果手机直接问我："请问您需要什么帮助？"我说："我想吃香草冰激凌。"

苹果手机却突然开始播放说唱音乐。苹果手机经常会有这种让我摸不着头脑的反应。从这一点来看智能手机与皮特这样的 A.I.D 还是有很大差距的。皮特甚至可以像普通朋友一样与我交往。

A.I.D 出现之后，世界发生了翻天覆地的变化。

"玛丽，快别傻愣着了。现在可正是精彩的时候啊，你快来看，神庙里的这个片段可是最精彩的啊。现在正是琼斯装扮成纳粹兵让希特勒签字的那一段。"

我现在正用全息投影和力克一起看一部很古老的电影——《夺

宝奇兵 3：圣战奇兵》。前段时间我们一起看《夺宝奇兵 5：纹章使者》的时候我说到很喜欢饰演男主角印第安纳·琼斯的演员哈里森·福特，力克就推荐我看这部片子。虽然在这部作品中福特也为我们呈现了精彩的动作戏，但是这一部中的动作戏是依靠数字克隆技术来完成的。力克强烈向我推荐，动作戏还是要看演员亲自拍的那种，所以就要看一看这个系列以前的几部。这里顺便提一下，听说福特在“星球大战”系列第十部中的动作戏也是依靠数字克隆技术完成的。

在这部作品中出场的人物们为了寻找《圣经》中提到的圣物——圣杯而红了眼。纳粹德国甚至发动全国的力量在寻找这一圣物。因为据传闻，得此圣杯者能够长生不老。然而，仅仅是接受了基督的鲜血的圣杯当真有如此不可思议的力量吗……

“圣杯应该是拥有这样的力量的。耶稣为了消除我们在伊甸园犯下的原罪而被钉死在十字架上，而这个圣杯正是耶稣这一伟大牺牲的象征。更有甚者称，得到圣杯的人将成为主宰这个世界的王。”

我随口感叹的一句话却被神父如此认真地回答和说教了。

“耶稣遇难后，圣杯被耶稣的一个弟子拿去，至今下落不明。”

“电影里说圣杯一直被中世纪的骑士们守护着。”

“圣杯是具有如此神秘的象征意义的圣物，很早以前就流传着各种各样关于圣杯的传说。在中世纪的英国，追寻圣杯的骑士这样的故事也曾盛行一时，最具代表性的当属亚瑟王和圆桌骑士们的传奇故事了——跟随亚瑟王的兰斯洛特和珀西瓦尔等圆桌骑士们得到神圣的启示后，开启了追寻圣杯的旅程，最终在历经艰险后找到了圣杯并登上了王位。这种骑士的传奇故事振奋了中世纪人们的精神和心灵。”

得此圣杯者得天下，得此圣杯者将成王。即便是在这漫长的历史长河中，仍有无数人在追寻着一个梦想，那就是创造出拥有与人类相当智慧的人工智能，但是最终都未能实现。然而，现在的我们已经无比接近这个梦想的实现了。

现在，看到在我身边看起来装傻充愣的皮特，我们不会觉得他就是这圣杯，但是据说开发出 A.I.D 的公司现在甚至掌握着超过许多世界大国的力量和权力。人工智能的出现，或许是带来了同基督教问世相当程度的影响。对于人工智能的追寻又是怎样一批“骑士”的冒险之旅呢?

与人类智慧比肩的人工智能终于稳步实现中

人工智能，一种拥有人类智慧的机器。人们对于这一梦想的追求始于图灵提出的图灵机，也就是之前的电脑的提案。在这 60 年间无数人为实现这一梦想而努力着。

在此期间，与其说是让电脑本身变得更具智慧，倒不如说是电脑作为协助人类让人类变得更具智慧的助手这一方向成为开发的主要方向。机器本身想要更进一步接近“造物主”智慧，甚至成为“人类”的尝试遇到了很大的困难。

无数人长久以来一直追寻却没能实现的人工智能，就像无数人在寻找的基督教圣杯一样。基督在与自己门徒进行最后的晚餐时，手指盛满葡萄酒的酒杯说道：“这杯中盛着的是为了同上帝缔结新誓约的我自己的鲜血。”由此这杯子被称为圣杯，结果成为千年王国的象征，而这一千年王国也正是基督订立了新誓约而创立的神之国度。

传言，这一圣杯在基督死后下落不明。中世纪时，亚瑟王与圆桌骑士追寻探求圣杯的故事广为流传，这个故事发生在英国这一舞台上。圣杯的传说时至今日都在不断刺激着人们的想象力，由此演绎出了很多故事，其中最为有名的就是在《夺宝奇兵 3：

圣战奇兵》中印第安纳与德国纳粹围绕着圣杯展开反复争夺这个故事。还有就是《达・芬奇密码》[1]，无论是小说还是由小说翻拍的电影都取得了很大成功，这一故事的一大主题便是探寻圣杯的真面目。

现在，人工智能的开发正迎来历史性的转折点。2011 年，IBM 公司开发出了能够应答人类自然语言的系统“沃森”(Watson)，沃森一举战胜了在美国最受欢迎的益智问答节目《危险边缘》中的冠军得主。

第二年，苹果公司宣布将在 iPhone 上搭载新功能“Siri”。这是一个能够与人进行语音对话的辅助系统。之前人们设想的知识领航员型的人工智能助手现在已经得到了广泛应用。

在这之后的第二年，又有一项技术在图像和语音识别领域实现了革命性的突破。深度学习(Deep Learning)是科学家们至今仍在不懈研究的一项技术。这项技术作为各种技术的集合体受到各界广泛关注的同时，也推动着人工智能研究的跨越式前进。

深度学习使得人工智能能够理解语言与图像的含义，这正像是人们赋予了“圣杯”这一象征符号各种各样的含义，并解释这一行为的过程一样。深度学习这项技术使得“让机器实现人类的智慧”这一信念变得空前坚定。

1　丹・布朗著，越前敏弥译:《达・芬奇密码》(角川书店，2006)

继承了个人电脑血统的 Siri

圣杯究竟是什么?在基督死后去向了何方?以此为主题的小说和由该小说改编而成的电影《达·芬奇密码》在全世界范围内取得了极大的成功。在这一故事中,对于这两个问题都给出了令人震惊的结论。

这就是基督有自己的子嗣,这一子嗣同其门徒一起前往法国开创了墨洛温王朝。在法语中,圣杯写作"San Gr é al",但其实际上的含义是与"皇室的血统"这一词汇"Sang R é al"相同的。也就是说,圣杯象征了基督的血统,亦即印证了在《新约全书》中基督多次被称为以色列的大卫王之子,并且与挪亚和摩西等预言家们也是血脉相连的这一点。

在人工智能的故事中,至此的"旧约时代"中,其开发的方向并非让机器自身获得近乎人类的智慧,而是让机器更易为人类使用,进而辅助人类。这一历程正如我们在前面回顾至今电脑界的挪亚——恩格尔巴特,以及电脑界的摩西——乔布斯等怀着个人电脑的理念,终于结成现在智能手机这一果实的历程一般。

2011 年 10 月,苹果新品发布会上,最大的亮点当属新款苹果手机上搭载的人工智能助手系统——Siri。通过 Siri 我们可以与 iPhone 进行对话,Siri 还能够完成帮助我们预订饭店或者添加日程等智能助手的功能。

苹果发布搭载 Siri 的这一时间点有极大的偶然性。看到 Siri 的人们回想起在斯卡利领导苹果公司的时代，强推的知识领航员的视频。这一视频中出现了这样一个镜头：知识领航员在日程表中输入日程安排，输入的日期就是 2011 年的 9 月，与苹果公司发布新品的时间仅仅隔了三个星期！这真是一个神奇的巧合。

亚当·齐亚[1]是受到知识领航员概念影响的人中的一个，他就此开发完成了 Siri 系统。齐亚自学生时代起就一直梦想开发出类似知识领航员这样的人工智能。研究生毕业后，齐亚随即在恩格尔巴特创立的斯坦福研究院任职。

齐亚自工作以来就一直从事着人工智能助手的开发和研制工作。20 世纪 90 年代，他开发完成的成果中就有能够与冰箱进行对话的系统，因为此时预想的应用场景是在一般家庭或是办公室这样的地方。后来齐亚开发完成的 Siri 是未来苹果公司开展时钟和汽车等电脑之外的机器业务中的主要接口。

齐亚在斯坦福研究院工作时，还是恩格尔巴特在任的时期。齐亚因此与恩格尔巴特有很多交谈的机会，他们一同培育了“辅助人类的电脑”这一理念，并促使其茁壮成长。

那个时候，整个社会对于人工智能的看法开始产生了一定变化。1991 年美国同伊拉克之间爆发海湾战争的时候，齐亚还是一名学生，在这场战争中，人工智能在作战部队的部署和移动规划中

1　亚当·齐亚（Adam Cheyer）：在斯坦福研究院从事人工智能的研究工作，其研究方向是开发出一种智能助手。后开发完成人工智能助手 Siri，并将其出售给苹果公司。

发挥了很大的作用。

人工智能的应用帮助美国大幅度削减了战争成本。根据美国国防部高级研究计划局发表的结果来看，这一数额已经远远超过了美国自 20 世纪 50 年代以来投在人工智能研究和开发上的经费总额。

这一军事领域应用的成功，促使美国政府重新开始了一度中止的向高级研究计划局提供的研究资金。2003 年，高级研究计划局向斯坦福研究院在全美国的 27 个研究机构提供了高达 1.5 亿美元的巨额研究资金，并委托其指挥落实该研究项目。

这一项目的终极目标是开发出一种能够自觉主动整理信息，并能服务于白领的人工智能助手。有研究员称这一人工智能项目为“卡洛”，说它“无论从什么角度来看都是史上最大级别的人工智能项目”。

齐亚一直以来的业绩得到了整个人工智能界的认可，他在这个项目中被委以重任——将各个团队的研究成果融合开发出一个真正的人工智能助手系统。卡洛的设计理念是实现像人类秘书一样能够从事信息管理、会议记录、任务整理等工作的智能管家。齐亚为了使卡洛能够完成上述一系列工作，推动着卡洛的研发进程。

齐亚并没有将其个人全部的时间和精力投入到卡洛的研发工作中，他同时还跟进着另一项工作——斯坦福研究院当时想开发一种能够实际装配在手机上的精简版人工智能助手。

2002 年，霍金斯上市了第一款智能手机。顾客中有一个名叫道格拉斯·齐特拉斯的人，他是《2001：太空漫游》的狂热粉丝，同时也深深地被齐亚所开发的人工智能助手所吸引。2001 年早已成为过去，但时至今日，他仍坚信影片中的 HAL9000 是能够实现的。

2007 年，为了更好地推进智能助手实用化的实现，齐特拉斯加入斯坦福研究院并决定与齐亚一起创业。重新开始开发的助手名字定为 HAL。他们为新开发的智能助手设计的宣传标语是“这将会是一个帮助人类的好家伙再次回归”。想必大家也注意到了，2007 年是苹果手机发布上市的年份。

齐亚等人对于人们日常将随身携带一台接入云端的高性能电脑这件事实现的可能性予以了正确的评价。科技发展至今，他们今后应该做的事情也变得更加明确了。

无论苹果手机的触屏技术有多么出众，用手指在狭小的屏幕上进行操作这件事情都并不是很便利。因此，创作一个万能助手的想法应运而生。如果能够将卡洛或是其精简版技术以应用程序的形式搭载到苹果手机上，仅仅通过与苹果手机对话，就能通过云端把能做的事情都做好。

这家公司开发的应用名为“Siri”。这个名字是取自齐亚的老东家 SRI 和齐特拉斯的故乡挪威的神话故事中胜利与美的女神西格莉德（Sigrid）。2010 年发售的 Siri 应用从发售之初起就受到了市场的极大好评。

在使用 Siri 时最直观感受到的就是语音识别的准确性。但这一技术其实并不是 Siri 自身独有的，而是 Nuance 公司现有的技术。Nuance 公司与 Siri 公司几乎是同时从斯坦福研究院独立出去的。

这家公司与之后在本书的故事中会占据重要位置的雷・库兹韦尔[1]有密切联系。

Siri 拥有的真正独家技术应用在语音识别之后的过程中。Siri 的开发设计就是理解自然语言后，从中分析得出使用者的真正意图，处理个人不同的话术，以及解释同一语言词汇或语句在不同情况下的不同意义。

Siri 的优秀之处在于不仅能够很好地理解人类自然语言，还能够按照说话者的意图执行其任务。Siri 从发售开始就能够支持 42 种服务项目，如预约饭店、打电话给电话簿中的联系人、搜索电影、调查统计数字等，正像是知识领航员的广告视频变成了现实一般。

能够进行幽默且有人情味的回答也是 Siri 的一大特点。如果我们对 Siri 说“我爱你啊”，Siri 就会回答道：“你对其他的人工智能也这样说了吧！”

之所以将 Siri 开发成了这样一个值得去爱的“人设”，想必是受到了恩格尔巴特想要实现更贴近人类的智能助手这一目标的影响吧。Siri 这样富有人性的角色设定，也推动了以 Siri 为原型的电影的上映（2013 年上映的电影《她》（*Her*）中的女主人公“萨曼莎”正是以 Siri 为原型创造出来的角色）。

Siri 应用发售三周后，齐特拉斯手中的苹果手机打进了一个陌生的电话。齐特拉斯半信半疑地接起电话后，电话的另一边说：“你

1　雷・库兹韦尔（Ray Kurzweil）：美国发明家和开发者，开发了应用在 Siri 上的语音识别软件等。他认同人工智能将会超越人类的奇点的到来，现在在谷歌从事人工智能开发的相关工作。

好，我是史蒂夫·乔布斯。”

第二天，乔布斯在帕洛阿托的家中与齐特拉斯商定了苹果公司对 Siri 公司的并购案。这之后，就顺理成章地发展到了前文已经讲过的 2011 年苹果公司发布了语音导航系统的情节。而主持这场发布会的已经不是身卧病榻的乔布斯了，而是继任 CEO 一职的蒂姆·库克。不幸的是，在苹果公司宣布将在苹果手机上搭载 Siri 系统的第二天，就传来了乔布斯的死讯。

自此之后，电脑的形式更加丰富多样，不再使用鼠标和触控的电脑占比提升。进而，像 Siri 这样的“接口”就变得愈加重要了。

不仅是 iPhone，现在苹果的全线产品，包括 iPad、Apple Watch、Apple TV 和车载机器等均已适配并上线了 Siri 语音控制功能。齐亚之前从事研究的家电领域也将推出搭载了苹果技术的产品。Siri 渐渐发展成为我们与自己身边的环境进行对话的一个综合交互接口，或者说是我们与周围环境对话的一张“脸”。

1987 年展示过的那个被称为知识领航员的人工智能助手的梦想，历经磨难，被电脑界的摩西——乔布斯在“神的石板”，即苹果手机上实现了。

另一方面，同样继承了电脑界的挪亚——恩格尔巴特血统的知识领航员，与其他的子孙在这里会合。这正像是圣杯所象征着的抹大拉的玛利亚那样，时常会让男性心生爱慕。

乔布斯的死同 Siri 的上市仿佛象征了一种时代的交替和更迭，即上溯到从恩格尔巴特时代继承而来的个人电脑这一时代的终结，与人工智能这一时代的到来。

沃森——人工智能成为问答王的那一天

中世纪追寻圣杯的故事在历史上不同时代和国家中，流传着很多不同的版本，所有的版本中都有一个共同的中心人物，那就是渔夫王。渔夫王被认为是约瑟的后人，而约瑟据说是在基督死后继承了其遗骸和圣杯的人。相传渔夫王被穿透基督的朗基努斯长矛所伤，而失去了作为王的力量，结果致使整个国家都荒废了。

此时，在渔夫王与主人公圆桌骑士们面前出现了一个能治愈所有伤痛的圣杯。如果骑士们能够正确地询问圣杯，渔夫王的伤就能够被顺利治愈。然而骑士们失败了。

为了使圣杯发挥出其蕴藏的力量，象征性的一点就是，并非要正确地回答被问到的问题，而是要正确地去询问圣杯。能够回答问题这一点正如在第 2 章中讲到的伊莉莎和 Siri 一样，并不一定是拥有智慧的，如果可以从各类固定模式中搜寻最接近的答案，就都可以应付得过去。但是，如果想要提出问题，不仅要明确自己的目的，还要了解对方的情况，这便是一种更高层次的智慧。

在美国有很高人气的问答节目《危险边缘》中，有与这一圣杯的试炼相似的、与一般的问答节目不同的赛制形式。在《危险边缘》这一节目中，要求参加节目的选手根据答案的描述来反向提出正确的问题，使得该答案的描述能够成为这个问题的答案。之所以采取这种形式，据说是因为在这档节目开播之前爆出了其他类似的问答节目中，节目组的工作人员私下将问题的答案事先告诉了选手的丑闻。《危险边缘》节目组从这一丑闻吸取教训，采取了更为严密的节目运营形式。因此该节目的冠军对美国人而言就是智慧的象征。当时，一位名叫肯·詹宁斯[1]的参赛者创造了 74 场连胜、奖金总额高达 300 万美元的连胜纪录，成为当时的红人。

节目中的场景大体是这样的，比如对于“她是一位大热的流行女歌手，2000 年作为第一百位‘喝牛奶了吗’的模特，以 3 岁和 18 岁的样子同时登场”这一答案，就需要提出问题：“布兰妮·斯皮尔斯是谁？”

2011 年，参加这个节目的选手中第一次出现了人工智能。人工智能同时战胜了两位人类冠军，一举夺得当年的总冠军。这一人工智能就是 IBM 公司开发的沃森。

IBM 是让冯·诺伊曼走进电脑领域的地方，也是支配着整个大型计算机市场并且向个人电脑领域伸出触手的公司，这一举动是为了与苹果公司抗衡。但是，进入 21 世纪以来，IBM 作为一家单纯出售计算机的公司，面临着越来越多的竞争企业的围追堵截，并最终于 2005 年将个人电脑业务整体出售给了以 ThinkPad 出名的中国企业。

IBM 公司的研究开发部门一直都承受着一种研发的压力，那就是要比其他公司率先开发出新服务。该部门 1997 年在人工智能领域的研发成果受到了广泛关注。正如本书第 2 章中提到过的那样，

1　肯·詹宁斯（Ken Jennings）：美国问答节目《危险边缘》中取得 74 场连胜，保持奖金总额 300 万美元纪录的问答王。

该公司的超级计算机一举达成了战胜人类国际象棋冠军的壮举。该部门的领导也想再次拿出战胜人类国际象棋冠军相当水平的成果，因此产生了在《危险边缘》节目中同人类冠军一决高下的最初想法。

《危险边缘》自1964年开始在全美国范围内的有线电视中播出，每周都有近900万人收看。不可思议的是，IBM公司也恰巧是在这一年发售大热商品365系统，正是这个系统使得IBM公司能够在大型计算机市场独占鳌头。

IBM公司的研究开发部门一直以来都大力推进着让计算机理解人类自然语言的相关研究。IBM公司服务的客户在当时都是大企业，这些企业普遍存在着一个问题，就是会产生大量的文件和记录，一个人是绝对无法将这些记录全部读完的。

像这样的文件和记录如果能让计算机理解与掌握，只将其中必要的部分抽取出来的话，IBM公司就能将这项服务卖给自己的大企业客户们。在这样的情况下，能够回答得了《危险边缘》节目中的问题对IBM而言，正是向世人展示这一技术的绝佳机会。

当时已经有一些机器学习的方法存在，这一个个单独的方法来看可能都是无法与人类正面交锋的。但是，将这一个个单独的方法集合在一起，在这一个个方法对于问题给出的答案中，选择出一个最具说服力的、最值得信赖的答案，或许也能够战胜人类。

开发沃森系统的负责人戴维·费鲁奇[1]正是抱着这样的一种想

1 戴维·费鲁奇（David Ferrucci）：在IBM公司从事自然语言处理的研究。带领团队开发出的沃森系统在问答节目中打败了人类问答王获得了冠军。

法和信念，从研究开发部门内外聚集了开发这一系统所必需的优秀人才，进而促成了这一项目的成立。费鲁奇在职业生涯之初就参与了专家系统、神经元系统等其他机器学习系统及谷歌公司采用的关键词检索等系统的开发研究，并在各类语言与文献理解方法的实现研究上有一定造诣。即便是有这样一位自然语言处理领域的专家扛起了研究的大旗，实现这一研究也绝非易事。在项目开始之初，研究基本是在黑暗中摸索前行的状态。IBM 当时也是一个有相当规模的企业，无论是在公司内部还是在项目团队里，质疑的声音都不绝于耳：人工智能真的能在问答游戏中胜过人类吗？实际上，研发团队原本开发的系统成了现在沃森系统的基础和原型，但是在让这一系统去回答节目中的题目时，成绩简直是无法与人类选手相提并论。

另外，有反对的声音表示，既然是 IBM 公司引以为傲的最先进的研究成果，就不应该在这种俗气的电视问答节目中展示，这样的节目与 IBM 公司的格调是完全不相符的。在这种情况下，费鲁奇所带领的团队被要求务必在三年内拿出成果。即便如此，整个研发团队也没有放弃，一点一点推进着研究的深入和进步。

要想能够回答上来所有问题，就一定要事先掌握所有领域的各类基础知识。首先，成为沃森系统知识之源的就是储存在万维网这一巴别塔之中的各种网络页面。研发团队甚至将从《圣经》这样的宗教经典到《白鲸》这类的流行小说在内所有的书籍数据，都录入到了沃森系统中。最终录入的所有数据如果换算成书本页数的话大概有 2 亿页，如果换算为出版成书的话，大概相当于 100 万册书的量。

然而，无论存储了多少知识，如果无法恰当准确地理解题目想要说明什么，还是无法给出正确的答案。比如，节目中会有这样的问题：“与美国没有正式外交关系的四个国家中，这个国家是位于最北端的一个。”那么为了回答这一问题就要从这个题干当中正确地理解到，“这个国家”所指的就是本题的答案，并且“这个国家”指的是“与美国没有正式外交关系的四个国家”中的一个，而且必须是这四个国家中最北边的一个。沃森系统至少要理解到这样的程度才能够回答得出这个题目的答案。

《危险边缘》这档节目有一个极具特色的规则，那就是每次在回答问题时都要决定，从目前为止获得的奖金中拿出多少来押在这一题目上，一旦回答错误，押上去的奖金就会被全部收回，参赛者可以根据对题目的回答是否有自信变更押上去的金额，也可以根据自己的判断放弃作答。

沃森中设计有这样一种机制，就是对从不同路径得到的答案进行评价，并同时对其可信程度给出相应评价。因而在正式作答的时候给出的答案，一定是在沃森系统内评价后最为肯定的答案，然后再根据对这一答案可信度的评价，决定押奖金的数额。

随着开发的步步推进，沃森已经渐渐发展成为与人类相比都毫不逊色的强大的人工智能。就这样过了两年时光，沃森与获得《危险边缘》冠军的人进行了对战，并达到了三次对战中能获胜两次的程度。

时机已经成熟——沃森终于在 2011 年 2 月迎来了与《危险边

缘》节目历史上两位最成功的选手肯·詹宁斯和布拉德·鲁特展开对决的日子。这二人面前出现的是投射在纵向显示器中的沃森的身影。

比赛共计三个回合，以开始沃森与鲁特不相上下、势均力敌的对阵展开，而詹宁斯则呈现后来居上之势。然而，沃森渐渐发力甩开了两位人类选手，在第二回合结束的时候，与两位人类选手的差距已经从 2 万美元拉大到了 3 万美元。在第三回合中，詹宁斯试图一举扭转败势，但最终未能力挽狂澜，反而奠定了沃森的胜利。

詹宁斯在自己的答题板上写下了这样一句战败感言：“我个人热烈欢迎我们的新计算机君王！”[1]历史上第一次有电脑参加问答节目并在节目中战胜了人类冠军！正如 IBM 所设想的一样，这一结果瞬间成为震惊世界的新闻。

IBM 原本就没想让沃森止步于问答王。IBM 公司将 10 亿美元的奖金分给了 2000 名员工，并继续推动该项目发展，使其成为今后公司的支柱项目之一。到此为止，对于沃森系统的应用场景有医疗领域用于对癌症的诊断、银行的呼叫中心或是被主厨用来开发新菜单等。上述的应用场景都需要基于处理自然语言或文献资料信息来完成，而这一点也一直被认为是电脑系统难以完美胜任的工作。

其他应用还有诸如法律专家的助手、营销及经营方面决策的助手等，沃森能够派上用场的场景还有很多。IBM 公司公布了要通过

1　斯蒂芬·贝克尔著，土屋政雄译：《IBM 奇迹般的“沃森”计划》(早川书房，2011)

沃森系统在今后的 10 年内创造 100 亿美元的营业额这一雄心勃勃的目标，但这一营业额其实也仅仅是 IBM 这一巨型企业整体营业额的十分之一而已。

詹宁斯在输给沃森之后，说了这样一句话："世上像我这样的百事通的容身之地越来越少了，这让我感到一丝悲凉。"[1]

对 IBM 而言，虽然沃森是人工智能技术的集大成者，但是它还不能被看作一个拥有人类智慧的人工智能，它还停留在能够处理自然语言并给出合适答案的层面。实际上，沃森并没有实现什么革命性的创新，而仅仅停留在将现有的方法做很好的组合，并使其发挥最大效应的水平。

然而，正如我们在圣杯故事中看到的那样，能够提出正确的问题这一点本身也是拥有巨大力量的。沃森通过向《危险边缘》这一问答节目发起挑战，向我们展现了通过实现提出正确的问题这一能力，已经向创造出拥有人类智慧机器的圣杯迈出了巨大的一步。人工智能最终还是走入我们的生活，甚至发展成为一个完整的产业。

模仿人类神经系统的神经元网络

Siri 和沃森以各自的方法在追寻圣杯的路上前进着。但是，两

---

1 斯蒂芬·贝克尔著，土屋政雄译：《IBM 奇迹般的"沃森"计划》(早川书房，2011)

者都是使用现有的方法，并将这些方法巧妙地组合，使其能够有最具智慧的表现。二者都是以与人类智慧完全不同的机制在运行着的。

现在，人工智能开发领域正随着深度学习技术的发展而掀起一场革命。通过深度学习技术的开发，人类在过往 50 余年的人工智能开发历史上第一次走上其应有的方向，那就是开发出与人类以同样的机制行动的机器或者说人工智能。而在这场革命中心的人物是我们会在之后作详细介绍的杰弗里·欣顿，这位以模仿人类神经系统实现的神经元网络为剑，并率领圆桌骑士们去寻找圣杯的亚瑟王。

深度学习技术及其基础技术，即模仿人类神经系统创造出的神经元网络技术究竟是从何而来的呢？这里我们需要暂且重新回到图灵和冯·诺伊曼及那个炸弹的年代，再来看这件事情。

那时有一位科学家与冯·诺伊曼既是研究上的好搭档，又是有力的竞争对手，他就是诺伯特·威纳[1]。威纳在政治主张上是属于鸽派的，从这一点来看，与有点像奇异博士的冯·诺伊曼在很多事情上可能都是站在对立面的，然而二人在研究上却持有相同的想法和意见。这个想法就是，通过机器再现拥有智慧的生物行为是可能的，也是一定能够实现的。

威纳在二战期间从事的研究是能够自动控制高射炮的技术，这

1　诺伯特·威纳（Norbert Wiener）：美国科学家。研究高射炮的自动控制，即像生物一样通过反馈来控制机器，也就是控制论。

一研究结果使得高射炮能够对从空中袭来的敌机自动予以打击。威纳因此意识到生物也好，机器也罢，其自身的行为都能够通过信息和通信的控制来加以理解。

同一时间，冯·诺伊曼虽然已经步入晚年，但依旧活跃在利用计算机来理解和释读生物这一人工智能的研究中。在二人引领下，一个名为控制论的学术研究领域被开创出来。这一领域主要研究的是如何可以使机器像生物一样完成智能行为。通过这一研究，科学家们特别加深了对于生物在采取某种行为和行动时，神经这一信息网络发挥了怎样的作用这一点的认识和理解。

控制论为自动化机器的设计带来了极为深远的影响。这一影响在计算机和互联网领域自不必说，甚至蔓延到了从汽车到工厂的机器人等各个领域。现在我们通常称其为 IT，而小说的分类中“赛博朋克”这一分类中的“赛博”一词也正是由此而来。

一同参与了控制论研究的科学家中还有沃伦·麦卡洛克和沃尔特·皮茨[1]。这二人被邀请参与研究是因为他们在 1943 年发表了一篇论文，将人类神经的工作原理用数学模型的形式表现了出来。

当时，基于解剖学的研究已经明确神经系统中是由细胞（神经元）的电信号来传达信息的。麦卡洛克和皮茨二人提出了一个方案，那就是用电子线路来单纯模拟神经元，在输入“0”或者“1”

---

1 沃伦·麦卡洛克（Warren McCulloch）、沃尔特·皮茨（Walter Pitts）：美国科学家，两人基于人类神经的构成，提出了“神经元网络”的计算方法。

的时候也与之对应地输出“0”或者“1”。该模型中的神经元与其他神经元连接，在由其他神经元输入总计超过临界值的电量时，其自身也会发出信号，并同时传递给其他相连接的神经元。

就像图灵曾预言过的那样，这一模型向我们展现了制作一个模仿人脑的图灵机这一想法实现的可能性。神经元网络就是指像这样模仿神经系统创作的体系结构。

神奇的是，在冯・诺伊曼去世的 1957 年，一位名叫弗兰克・罗森布拉特[1]的科学家利用麦卡洛克和皮茨开发的神经元网络模型，开发出了视感控制器（感知器）。

视感控制器（perceptron）这个名字是由“认知（perception）”和“神经元（neuron）”这两个单词组合而成的词汇。虽然这个视感控制器是一个仅有三个层级结构、十分单纯的神经元网络，但是它可以学习输入的图像信息并进行分类，是一个真正实现了机器学习这一功能的系统。这个视感控制器是通过计算机再现人脑学习过程众多尝试中的一个。

视感控制器的成功掀起了神经元网络的研究热潮。在当时神经元网络研究也被视作一个唾手可得的圣杯，然而，很快就有一盆冷水浇到了这些为之狂热的研究员身上。

罗森布拉特有一个高中同学也从事人工智能研究，并担任麻省理工学院人工智能研究所所长一职，这个高中同学就是我们提到过

1　弗兰克・罗森布拉特（Frank Rosenblatt）：美国认知心理学家。明斯基的高中同学。开发出首台装配神经元网络的视感控制器（感知器）。

的马文·明斯基。虽然明斯基本人也在利用神经元网络进行人工智能的研究，但是1969年在其名为《视感控制器》(*Perceptron*)的书中仔细分析了以感知器为代表的单层神经网络系统的功能及局限。能够被视感控制器识别的其实仅仅局限于像我们在画分布图时用直线分割这种同质的图像。而我们人类可以对如其他人的脸这类要比平面线性的图案复杂得多的图像进行识别。明斯基指出，神经元网络并非一个普遍性可推广的应用系统，而是一个针对视感控制器这样有限定方向的实现方法。

实际上，数年后，杰弗里·欣顿[1]等人通过研究，完成了一个能够克服明斯基指出来的问题的神经元网络。但是，当时麻省理工学院人工智能研究所所长的批判对这项研究产生了深远的影响，人们对神经元网络的研究热情一落千丈，这个领域迎来了一个一直持续到20世纪80年代的寒冬时期。

相传，亚利马太的约瑟及其后裔来到英格兰，世世代代继承并守护着圣杯。然而，最后一代守护人由于心生邪念而失去了担任守护人的资格，导致圣杯至今下落不明。在人工智能领域，人们通过控制法和神经元网络，能够理解人脑和神经系统的工作原理，进而创造出再现这一原理的机器，这也仿佛是预言了“上帝之子”的降临。

然而，由于被明斯基泼了一盆冷水，人们再一次失去了仿佛唾

1　杰弗里·欣顿(Geoffrey Hinton):英国人工智能科学家。提出了基于人脑的模型认知方法的“深度学习”方案。现代人工智能研究的核心人物。

手可得的“圣杯”。是明斯基开创并守护了人工智能这一领域，同时也是由于他的一段言论这一技术的实现推迟了。

神经元网络之王——杰弗里·欣顿

最终找到圣杯的人，还注定会降生在亚利马太的约瑟来到的英格兰吗？原本让这个故事开始的图灵就是一名英国人，与图灵一起解开恩尼格码密码的人中，有一位后来也牵扯到了圣杯的探求过程中来。

而这并非一个比喻，在英国的某个庭院中放置着一块石碑，据说这块石碑上记录了圣杯所在的暗号，在图灵的同事奥利弗的领导下，2004 年开始了对这一密码的解密工作（结果表明，这些暗号与圣杯的所在毫无关系）。

充满智慧之果并且与圣杯的故事有深厚渊源的英国，也注定能够诞生人工智能领域的“亚瑟王”。正如亚瑟王从石缝中拔出象征不列颠岛之王的圣剑——王者之剑一样，欣顿也突破了神经元网络的界限开辟出了通往“圣杯”的道路。

1947 年，欣顿出生在英国伦敦。我们曾在第 1 章中介绍了欣顿的高祖父，他就是发明了布尔代数并开辟了通向数字信息时代道路的乔治·布尔。从小成长在这样的科学家世家，也使得欣顿自幼便萌生了从事自然与科学研究工作的远大志向。

高中时期，一个朋友的话决定了欣顿的一生，那就是：“人脑像一个全息图一样发挥着作用。”这究竟意味着什么呢？全息图（hologram）中的“holo”是“整体”的意思。熠熠生辉的三维全息图能够储存图像中各个部分相互交叉覆盖着的三维信息。就像人脑一样，记忆是分散在神经网络系统中被储存下来的。时至 20 世纪 60 年代，视感控制器的问世向世人展示了神经元网络实现的可能性。

欣顿在得知这一消息后十分兴奋，为了进一步学习和理解人脑的运行机制，他进入著名的剑桥大学继续学习。然而，当时对于人脑神经元信息处理的研究和讲解还没有得到更新，还停留在生理学、心理学和哲学等层面，无论从哪一个方面欣顿都没能得到他想要的答案。

因而，欣顿想要通过研究应用了神经元网络的计算机来破解人脑的认知机制。但当时正是明斯基对于神经元网络的评论使得神经网络的研究进入寒冬的时代，想要得到对该项研究的支持和相应的经费支援是一件十分困难的事。周围的人甚至说欣顿“脑子不正常，这是毫无意义的”。

之后，辗转来到美国大学的欣顿，对于明斯基的批判予以完美的反击。欣顿与在加利福尼亚相识的科学家一同突破了视感控制器仅能支持简单线性分类的边界，提出了新的神经元网络方法。

欣顿提出的方法中，为了减少学习模型后神经元网络分类输出的错误，将接近输出的层级调整到了更接近输入的层级。为了调整这一层级，而随之调整输入端的层级，像这样一层一层从输出端回溯到输入端，层层调整下去。

通过这种方法，能够克服明斯基指出的分类问题上的限制，同时还能够大幅度提升分类的精确度，并且能够很好地处理多个层级的神经元网络，并在后来实现了更深层神经元网络构建。而这一多层级的神经元网络，也奠定了深度学习技术的基础。

这一突破使得神经元网络的研究再度迎来春天。例如，欣顿曾经指导过的学生杨立昆[1]，在从事研究以来就使用这一方法开发了实用化的手写银行支票读取系统。在 20 世纪 90 年代后半期开始到 21 世纪初期的这段时间里，产生的所有支票中使用该系统读取的支票占到了 10%。

在日本，同一时期内也在政府主导下实施了以开发像人脑一样的人工智能为目标的“第五代电脑”项目。政府在这一项目中投入了总额高达 570 亿日元的资金。在该项目中，神经元网络也是主要的研究开发对象。

然而，追寻圣杯的路注定艰辛。虽然欣顿团队开发出的方法展现出了极强的性能，但有一个弱点，就是需要更大量的计算。这样规模的计算量对当时的电脑来说是一个很沉重的负担。因此，研究员们开始倾向于开发一种通过更少量的计算来得到更好的结果的方法，而非与神经元网络这种基于人脑和神经构成的方法死磕。

同时，对于人工智能整体而言，当时收集输入让机器学习的数

1　杨立昆（Yann LeCun）：法国籍科学家，欣顿的学生，开发了读取手写银行支票的系统。现为 Facebook 人工智能研发的领导人。

据就已经是一个很困难的问题了。计算量和数据量的不足，成了欣顿团队在探求“圣杯”的路上很大的一个阻碍。就这样，神经元网络研究的春天并没有持续很久，在20世纪90年代便迎来了第二个冬天。

21世纪初，即便是在人工智能研究的团队中，仅仅专注于神经元网络研究的研究员也屈指可数。持续了十年的“第五代电脑”项目，虽然取得了一定技术性成果，但是最终也没能给我们的生活带来重大的实质性影响，便无疾而终了。

然而，欣顿对于根据人脑的构造实现人工智能的信念并没有丝毫动摇，不仅如此，他待人真诚的性格也获得了与他有过接触的研究员们的信任，因而他个人的影响力也在不断扩大。欣顿脚踏实地地推进着神经元网络的研究。2004年，欣顿在得到一笔资金支持后创建了一个拥有相同信念和志向的研究员团队，其中就囊括了上文中我们提到过的杨立昆的团队，对于欣顿而言他们也就成了他的圆桌骑士们。

对于这样一个团队，后来欣顿自己也表示：“我们是一群狂热的‘异教徒’。”欣顿研究的步伐从未停止：“我们现在已经成为‘异教徒’的核心。”

新神经元网络方法研究的出发点是想要更接近人脑的机制和运作方式，这一方法是后来欣顿成为人工智能之王的“王者之剑”。基于这一方法，欣顿带领他的团队进一步开发出了深度学习的方法。亚瑟王和他的圆桌骑士们从这里开始了追寻“圣杯”——创造出拥有人类的智慧的人工智能的旅程。

欣顿与“圆桌骑士”们的快速进击

聚集在神经元网络的“亚瑟王”——欣顿身边的“圆桌骑士”虽然数量不多，但都是“精锐部队”，他们之间的交流推动神经元网络的研究取得了极大的进步。同时，电脑性能的提升以及存在于万维网中的大量数据为他们的研究提供了极大帮助。进入 21 世纪的第二个五年后，他们继续沿着神经元网络技术路线开发出的人工智能，一步步在世界各地的大赛中斩获优异的成绩。

2006 年，欣顿汇总发表了当时的研究成果，将这一新方法称为“深度学习”。它比从前的神经网络拥有更多层级，并能够处理更为复杂的信息。

2009 年圣诞节，微软语音识别的研究员们邀请欣顿就热度日渐上升的深度学习技术举行了一个小型研究会。研究员们在听了欣顿的发言后一致认为深度学习技术能够应用于改善语音识别的精确度，并决定与欣顿团队一同推进研发。

对于微软一方的研究员们而言，在当时的情况下，通过这样的合作研究哪怕是提升百分之几的识别率也是一项十分重大的研究成果，哪怕识别率仅仅提升了 5% 也会在第二天成为大新闻。结果是——竟然实现了高达 25% 的改善效果！这一结果令微软的研究员们为之震惊。这之后，欣顿正式被邀请到微软的研究所继续推进深度学习的研发进程，深度学习的研发基地也随之建成。

2012 年，从微软的该研究所传出了震惊世人的研究成果，那就是如果用英语与电脑说话，电脑能够同时输出中文的翻译。现在，该公司运营的 Skype（一款即时通信软件）上已经能够实际使用这项功能。这完全就像是《星际旅行》和《哆啦 A 梦》等科幻题材影视作品中出现的道具一样。

就在同一年，在图像识别的国际大赛上，欣顿率领的多伦多大学团队以大幅度超过第二名的绝对优势获胜，一时间引发了全世界的关注。在此，欣顿拔出了名为深度学习的“圣剑”。人工智能的世界已经向欣顿这一王者俯首称臣。

至此，微软以外的其他公司也意识到了深度学习的重要性。世界上最认真地推进人工智能研究的企业就是谷歌，因此谷歌也不可能错过这场深度学习的浪潮。2011 年，谷歌挖来了曾为深度学习“圆桌骑士”中的一人——斯坦福大学的教授吴恩达[1]，同时启动了名为“谷歌大脑”的项目计划。

吴恩达在谷歌用 1.6 万个处理器构成的电脑上构筑即将应用深度学习的神经元网络，并向这一神经元网络录入了从 YouTube 视频中随机截取的 1000 万张图像。据谷歌方面称，谷歌大脑从这些图像中自己学习了“猫的脸”“人的脸”和“人的身体”这些概念。对此我们又该如何理解呢?

当时也确实存在能够识别人脸等图像的人工智能。但是，那些

1 吴恩达：华裔美国人，从事深度学习的研究。曾在谷歌从事深度学习的开发，后进入百度领导人工智能的研发。

人工智能都是在人类的“老师”们教会它们“这是人脸”“这是猫”后，才能够从其他图像中辨识出这些“学习”过的要素。

谷歌大脑革命性的创新在于，并非像婴儿那样被人们教会识别概念并且记忆语言，而是完全仅仅依靠录入的数据，自己“发掘”出了概念这一点。

在 Siri 或是沃森等人工智能中，都需要人类将如何解释语言所拥有的意义通过编程告诉系统。如果人工智能能够实现自己从数据中学习的话，就意味着未来不用依靠人类的手来对系统编程，人工智能就能够自己渐渐变得更加聪明，更具智慧。

同时，在辅助经营和科学研究等领域，“大数据解析”即从万维网等获取大量数据并加以分析后导出最具价值的信息的技术也汇集了大家的关注。当时在这项技术中最终判断并导出有价值的信息这一环节还是得依靠人类来完成。但是像谷歌大脑这样的人工智能进一步发展下去的话，人工智能就能够根据需要从大数据中为人类选择并导出有价值的信息。

这样一来，深度学习第一次实现了到目前为止只有人类才能完成的智能行为，即从数据中主动学习有意义和价值的概念。

深度学习——模仿人类理解含义的能力

深度学习究竟是如何做到只有人类才能做到的事情的呢？吴恩达开始从事深度学习研究的契机是受到了我们在第 4 章中介绍

过的杰夫·霍金斯的启发和影响。

霍金斯在发明了 Plam 并让掌上电脑和智能手机成为现实之物后，进入 21 世纪以后重拾了原本的梦想，即人工智能的研究，结果研究出了一个与深度学习非常接近的人工智能理论。霍金斯的理论虽然看似与深度学习十分相似，但实际上其考虑的方法对于理解深度学习有很大的帮助。2002 年首次发售智能手机的同时，霍金斯创立了自己的脑科学研究所。

2004 年，霍金斯整理出版了自己对于人脑理解的独到见解与理论的书。吴恩达曾因为人工智能的实现太过困难而放弃了研究，在看过这本书以后又重新开始从事深度学习的研究。

在这本书中，霍金斯主要讲述的是覆盖于人脑表面的大脑皮质的运作方式。大脑皮质已经被证明是与人类五种感官的认知有密切联系的部位。但是，具体这些信息是如何被大脑皮质处理的，至今还是未解之谜。

当时提出的一些假设在某种程度上同 Siri 和沃森是相似的，即根据想要理解的内容，分别利用不同的结构体系来完成认知。但是，霍金斯没有想到的是，能够像人脑一样通用各个领域工作的装置，并不是以一种具有连贯性的机制在运行的。

然后，霍金斯就产生了一个独特的想法。这一想法灵感来自大脑皮质这一“装置”。而这一“装置”的原理是，将人类五官接收到的各种信息与记忆相比照，再同已经成型的认知模型相核准。存在于大脑皮质的多数神经元都由六个层级构成，霍金斯认为通过这六个层级能够将输入的五种感官的局部特征（如视觉，就会有绿色、圆圆的、尖尖的、肤色、光滑的质感等）与一直以来通过经验获得的记忆进行对比，然后来解释整体的意义（由外表的局部特征→眼睛、鼻子、嘴巴等→脸等）。

人类通过这一能力，在认识眼前正在发生的事情的同时，对即将发生的事情和之后应该做的事情进行预测，最后再落实到实际的行动上去。

那么我们如果基于这一过程对聪明的人下一个定义的话，确实应该是在上述过程中能够有更正确的认知并采取与之相对应的最合适的行动的人。测量大脑智慧的 IQ 测试，也主要是在对模型的认识和预测的能力进行测量的。

霍金斯对于人类实现这一能力的想法与深度学习的机制十分相似。深度学习系统也是由多个神经元网络层构成，由输入到输出的过程中，分层级对局部的特征（猫、人脸等）予以解释并归纳出整体的意义。并且，深度学习有一大特征是欣顿在 20 世纪 80 年代改进的，输出端的信息将反向输入端传递进而通过这一过程来调整输出信息的精确度。这一点，与霍金斯提出的将输入的信息与记忆进行对照的过程也是相通的。

通过这种方法，霍金斯团队与欣顿团队都让人工智能获得了将输入信息归纳整理为抽象的概念这一以前只有人类才拥有的技能。

霍金斯将根据人脑的构成创造人工智能的信念拓展开来。霍金斯的英勇和骑士道精神在圆桌骑士中也广受称赞，就像兰斯洛特一样甚至成为其他骑士们的典范。然而，兰斯洛特后来背叛了亚瑟王并导致圆桌骑士们分裂，霍金斯也并没有与欣顿的团队进行更深入的交流，他甚至站到了批判深度学习的那一面。然而，不可否认的是，霍金斯在推销自己公司产品上取得了极大成功。

圣杯的故事中，兰斯洛特因为与亚瑟王妃的不伦之恋最终与亚瑟王决裂，并失去了寻找圣杯的资格。照此来看，霍金斯本人或许也无法最终找到圣杯了。

欣顿团队的“圆桌骑士”借深度学习之力快速进击。2013 年，在吴恩达的引荐下，欣顿成立的公司被谷歌并购，由此，欣顿开始在谷歌推进人工智能的实现。

谷歌的深度学习已经应用在了 2015 年发售的谷歌手机图像内容的自动分类，以及安卓系统智能手机的语音识别等领域了。特别值得一提的是谷歌手机的自动分类功能，由于对于图像内容的理解太过准确，甚至令人感到不寒而栗。

同样被谷歌并购了的深度思考（DeepMind）团队也发布了通过深度学习技术来自主学习电子游戏玩法的视频小样。在这段视频小样中，人工智能也不需要人类的指导，不需要教授其游戏的规则，而是通过自己看游戏并不断试错而掌握规则，熟练游戏。看过这个视频之后，我们很容易就会想到今后世界中所有的事情都能让人工智能来做的场景。

顺便提一下，在写这本书的过程中，深度思考团队开发的人工智能首次打败了人类的专业围棋选手。

在介绍欣顿加入谷歌之后吴恩达就加入了中国本土的搜索引擎公司，也是谷歌的竞争对手——百度，并成为该公司人工智能研究机构的领导。同时，曾是“圆桌骑士”中一员的杨立昆也在谷歌的强敌 Facebook 公司领导着人工智能的研究。

苹果公司及 IBM 公司也不甘示弱，正尝试对 Siri 和沃森应用深度学习的技术。现在亚瑟王圆桌骑士们正掌握着计算机与人工智能的霸权。

深度学习是实现人工智能的“圣杯”吗?

深度学习的应用，并没有止步于万维网和计算机。加利福尼亚大学使用深度学习技术，发布了一款能够自己学习并掌握一些简单工作的机器人小样，比如可以组合一些模块或是拧紧一瓶水。在可预见的未来，谷歌公司也会将其深度学习技术应用在汽车的自动驾驶上。

深度学习本身，自不必说是蕴藏着巨大可能性的。如果电脑本身长出了眼睛和耳朵，能够理解看到的东西是什么、眼前的这个人在讲什么，这个世界又会变成什么样呢？然后基于这一点来驾驶汽车或是驱动机器人呢？这样一来人工智能或许就能代替我们人类完成许多之前只有人类才能完成的事情了。

而且，计算机并没有像人类一样有身体上的生理限制。实际上，在语言认知等测试中，应用了深度学习的人工智能已经能够达到人类的平均智力水平，超越人类恐怕也只是时间问题。现在，即便是没有人类的帮助，电脑也能够通过自己的学习来获取超越人类的能力。

同时，我们能从深度学习中窥见的是，在这之上或者说更进一步发展的可能性。大脑皮质在大脑中发挥着相当重要的作用，但是大脑中还有其他发挥着各种各样功能的部位，比如，负责记忆的海马体、协调运动的小脑、调动情绪的脑扁桃体、控制意识的丘脑，以及前额皮质等部分。如果电脑能够模仿整个大脑皮质的功能，是否意味着其他部位的功能也存在能够被模仿的可能性？将这些连接在一起，是否就能够像这样再现整个人脑，并让人工智能完成与人类同样的行为呢？我们姑且将其称为通用人工智能。

世界上，现在已经开始了剑指通用人工智能开发的研究。在美国，在奥巴马总统主持下于 2013 年开始的“BRAIN Initiative”计划旨在详细测量整个人脑神经元的工作机制。预计在之后十年的时间里投入总额高达 4500 亿日元的研究经费。欧盟也在 2012 年开始了“Human Brain Project”项目，并同样预计在十年时间里投入近 1700 亿日元的研究经费，推进基于人脑运行的超级电脑的研发。

近年，中国对于人脑的研究也在如火如荼地展开，并开始了被称为“中国脑计划”的项目。就日本的情况而言，2015 年度，文部科学省拨给这个领域的预算仅有 64 亿日元。虽然单从预算的金额来看没有办法衡量研究的质量，但是就日本与世界整体的情况相比，不得不说日本的情况还是略显劣势。

谷歌并没有止步于深度学习，公布了其实现创制自己公司的通用人工智能的目标。深度思考团队开发出了能够独立学习游戏玩法的人工智能，并在 2015 年 6 月的学会上公布了其研究开发通用人工智能的目标，同时还发表了其面向通用人工智能实现的具体路径。在大脑皮质之后，他们的下一个目标是再现人脑记忆和提醒的机制。

2015 年，日本在研究人员与民间企业的共同主导下成立了 NPO 法人——全脑体系结构行动，旨在实现参考人脑整体的体系结构基础上创制出一个通用人工智能的目标。同时丰田、Recruit 及 DWANGO 等企业也都在自己旗下创立了人工智能的研究所。

深度学习这一“圣杯”的出现，使得与人类有相当智慧的人工智能最终还是一步一步出现在了我们的生活里。而最终促使这一成果实现的是欣顿——即便遭遇了数度寒冬却依旧没有放弃创造一个模拟人脑的人工智能的信念。

欣顿自己也并没有仅仅追求眼前能够短期实现的成果，而是坚信通过不懈努力最终能够实现更伟大的成就。最后，我们想以欣顿喜欢的一句爱因斯坦的话作结：

“如果我们知道自己在做什么，那么就不能称之为科学研究了，不是吗？”

人工智能终于走进了我们的生活

圣杯，在《圣经》的故事中是以人的形态出现在我们身边的上帝之子基督，为了救赎人类偷食禁果而获得智慧的原罪并流下鲜血的象征。本章之前介绍过的围绕着圣杯的传说原本就不是记录在

《圣经》中的故事，也并非正统基督教的教义。然而，记录在《圣经》中的各种象征符号都在刺激着后世的人们并对其赋予了自己的解释和意义，连缀成了种种故事和传说，其中便包括亚瑟王与圆桌骑士这种我们耳熟能详的故事传说。

本书也采取同样的方法讲述了人工智能的故事。人脑具有将感知到的感觉和符号联结并对其赋予相应意义的能力。欣顿和霍金斯等“亚瑟王”和“圆桌骑士”们一直追寻着的正是人脑的这种能力。这一能力恰恰就是实现与人类相同的人工智能的关键所在，也就是“圣杯”。

深度学习究竟是什么呢？正如霍金斯所解释过的一样，大脑皮质发挥着这样一种作用，那就是将从眼睛或耳朵等感官输入的信息与已有模型对照并最终解释看到的东西和听到的语言的含义。深度学习模仿人脑的这一功能，驱使电脑从庞大的数据中选取有意义的模型出来。

模仿了人脑神经构成机制的神经元网络技术在几十年前就已经出现。欣顿等人利用神经元网络模仿大脑皮质功能的这一方法，其基础的技术也要回溯到 30 年前了。

那时由于电脑性能的不完备，以及能够从中获取有意义的解释的数据量不足，人们没能找到圣杯。但是，电脑性能以摩尔定律实现了质的提升，特别是在出现云端计算这一巨型电脑后，按照梅特卡夫定律对于万维网这一“巴别塔”的使用率也急速上升，随之每天产生的数据量也更为庞大，因此能够有效使用神经元网络和深度学习的环境条件终于齐备。

在智能这一意义层面上虽然还是有限的，但 Siri 和问答王沃森已经成为能够帮我们处理日常工作的助手。它们也使用了深度学习技术，有时也会发挥出超过人类的能力。并且，以再现包括大脑皮质以外部分人脑整体为目标的 AGI 开发也已经启动。

深度学习及由其进一步发展而来的通用人工智能，已经将我们与电脑和互联网的关系渐渐改变成了我们与其他“人类”的关系。结果就是，机器人及物联网等各种各样形式的机器都会最终装载人工智能，并进入我们的生活。

图灵、麦卡洛克、皮茨等预言家时代过去了 70 年，亚瑟王率领下的圆桌骑士们最终找到了圣杯。由此，也渐渐实现了拥有与人类相同智慧的人工智能。

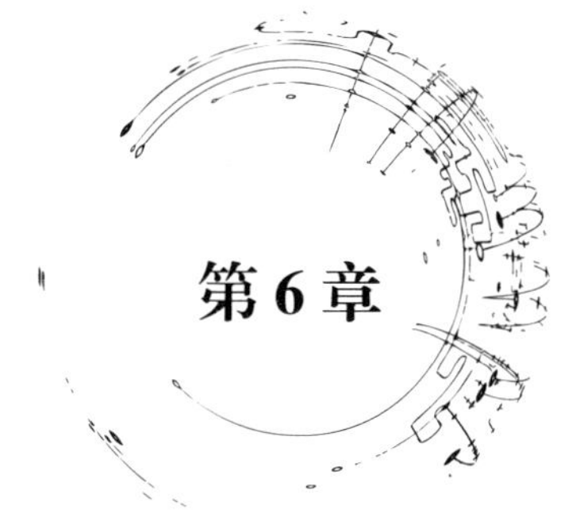

第6章

物联网与人工智能带来的 2030 年社会

电脑终于还是发展进步到了能够模仿我们大脑的地步。这完全就与图灵最初预言的一样。但是直到这一预言最终实现，中间花了近 100 年的时间。

“虽然到目前为止与皮特之间的相处都不觉得有什么特别之处，但是为了开发出你真的是好多人都呕心沥血啊！”

“你要是真明白了这一点，就请对我好一点啊。因为玛丽你用 A.I.D 也太糙了！”

“你在说什么啊！好好为我服务啊！我可把打工挣来的钱全都花在了你的合同上面啊！”

A.I.D 当然不是免费使用的。爸妈也一直说现在花在这些东西上的钱比以前花在智能手机上的钱要多多了。话虽如此，但是现在联系同学、朋友也罢，学习也好，即便是已经工作的人们，或许都无法想象没有了 A.I.D 的生活会变成什么样，所以虽然很不情愿，我还是在按时支付着 A.I.D 的费用。

父亲是一位律师，在他身边做了多年助手的人辞职以后父亲还遗憾了好久。后来 A.I.D 代替辞职的助手完成了他本来应该做的工作。由此可见，由于 A.I.D 公司现在很赚钱。最近全球企业价值排名的前五位全部都是 A.I.D 公司，一时间也引起了大家的热议。

“啊，一直学习太累了。换换脑子，要不去看看衣服吧。”

约了一个共享交通工具就来到了新宿。偶然间想到，以前可是连汽车也是需要人类来驾驶的，现在都被人工智能替代了。以前的出租车司机们现在也不知道都在做什么，都怎么样了。

“皮特，你看看有没有我可能会喜欢的东西啊。”

“玛丽你以前就一直想买的周仰杰（JIMMY CHOO）的鞋子，现在在伊势丹（日本有名的连锁百货店）只剩一双了。另外，优衣库发来的推送说，优衣库与亚历山大·王合作的新系列已经上市啦！”

“嗯，周仰杰的那双鞋是我一直想要的啊，先去店里看看吧。”

我最终还是败给了“只剩最后一双了”这样的压力把这双鞋买了，虽然皮特已经对我的花钱流水进行了管理和控制，不至于我花钱到破产，但是很多时候总能给我如此准确的信息也是很危险的。唉，为了找工作也忍了好久没有买东西了，偶尔奢侈一下也是可以的吧。

“玛丽同学又买了新的鞋子啊。看起来挺不错的，很时尚。但是耶稣曾教导我们，有钱人想要升入天国是要比骆驼穿针还要难的事情。”神父的固定说教又来了。

“那人家也是正值青春的女孩子啊，又不是修女。而且，神父口口声声说的天国真的就有那么好吗？”我不小心把我的想法原封不动地讲了出来，“在现在的世界里，之前由人类完成的工作都渐渐被人工智能以及机器人代替，并且还在不断推进下去。A.I.D 就不用说了，人们的家里和马路上各种各样的东西都已经与网络相连，收集着各种各样的信息。这样发展下去，或许终有一天人类是不是就不用再做什么事情，无论是生活还是工作上的事情人工智能都会帮我们完成呢？”

神父眉头紧锁。

我又想起了以前曾担任父亲助手的那个人。听说，那个人在辞去事务所的工作后，利用 A.I.D 开始了在线的法律咨询服务，并取得极大的成功。

无论喜欢与否，我们都不得不学着去和人工智能好好相处。这仿佛成了这个时代的信仰。

在机器代替我们作出判断的时代里，我们真的还是自由的人吗?

在深度学习这样的新时代技术引导下，距离实现与人类水平相当的通用人工智能就只剩一步之遥。人工智能的降临，究竟会为我们的世界带来什么呢？为了理解这一点，我们就要理解现在生活着的这个世界如何发展至此，也就是要理解其根源所在的近代历史的发展变化，以及个人成为现在这样享有自由意志的个人的艰难历程。

我们现在看来觉得理所当然的科学主义，以及个人作为一个拥有自由意志主体的概念，最终传播到西欧世界，是在 18 世纪到 19 世纪之间。在此之前，整个西欧世界都是以基督教教义及上帝的存在来赋予人类生存的意义和构筑伦理的基础的。

然而，文艺复兴后科学技术的发展，以及宗教改革后诞生的个人主义的发展，极大地动摇了一直以来基督教的绝对权威。人们失去了自己生存的意义和价值的依据，哲学家弗里德里克・尼采[1]将这

1 弗里德里克・尼采（Friedrich Nietzsche）：19 世纪德国哲学家。主张与基督教世界观的决裂，开辟了肯定个人主体人生的存在主义思想。

一情况描述为“上帝已经死了”[1]。

这里，人们存在的意义和伦理已经不再由上帝的存在与教义来规定了，而是由每个人内在的与生俱来的近代科学精神来定义。个人获得了从宗教、地缘或血缘等束缚中解放的自由，而这一代价就是，我们每个人都要对自己的存在方式负起最根本的责任。我们对于这个社会的设计也是基于以法律为代表的近代人格来设计和构筑而成的。

然而，“上帝之子”降临后的世界，这些对于近代社会的设计就变得不再适用了。之所以这么说，是因为我们开始需要与并非人类却拥有能够进行判断的意志的机器一起生活了。并且，这一机器无论在掌握的知识量，还是给出判断的正确性及公正性方面，都随着时间的流逝，发展成为远远超过人类的存在。

我们被自己创造出的技术所超越，并试图创造出一个生活的方方面面都由机器来管理的世界。我们与拥有智慧的机器一起生活的千年王国，将会动摇我们近代以来社会得以发展的根基所在——个人的自由及责任的概念。进而，我们现在所拥有的价值观和常识也将会发生巨大的改变。

2030 年实现人工智能的“七大封印”

以《约翰的启示录》为原型和主题创作的作品有很多，其中最

1　弗里德里克·尼采著，佐佐木中译：《查拉图斯特拉如是说》（河出文库，2015）

著名的是瑞典导演英格玛·伯格曼执导的电影《第七封印》[1]。《约翰的启示录》中记述了这样一个故事：复活后的基督每解开七个封印中的一个封印后，都会距成为上帝更近一步，在解开最后一个封印后，基督成为人间的王，千年王国也随之到来。

在本书中，我们介绍了电脑的发展历程。这一过程正像是这七个封印，我们能够将其归纳为七个技术领域，每一个领域都是伴随着试图改变计算机形态的变化而产生的。

第一封印——处理器

图灵提出了计算机的概念，冯·诺伊曼将其具体定义为由中央处理器和存储器构成的冯·诺伊曼机，冯·诺伊曼机直至今日都广为应用。

按照摩尔定律发展至今的处理器与存储器的体积越来越小，性能却越来越好，最终实现了个人能够持有的个人电脑，以及我们日常可以把玩于股掌的智能手机。在可预见的未来里，由于电脑的体积将会越来越小，除个人电脑和智能手机之外，核心的处理器和存储器也将能够搭载到各类机器当中去。同时，云端也同样装备有数万个甚至是数千万个处理器，为单个机器进行大规模演算提供支持。

另一方面，摩尔定律已经渐渐走到了物理上的边界。晶体管虽然是一种电子线路，但是现在处理器的体积越做越小，甚至已经接近了单个的原子或电子的规模，因而对其进行控制就显得更为困难了。仅仅依赖更加密集的电路排列方法已经很难再遵从摩尔定律

1 《第七封印》东和，1957

实现进一步的小体积、高性能化了。所以，人们也开始转向了对非冯·诺伊曼型计算机的研究和开发。

比如，现在无论什么样的个人电脑或智能手机，为了呈现高清晰度的动画或 3D 的图像等高精度的图像信息，一般都会在运行应用软件的中央处理器（CPU）上面搭载一个图形的专用处理器（GPU）。这个图形处理器与进行通用处理的中央处理器不同，被设计为能够进行并列的数据处理。

像这样的特点同样适用于在云端的数据处理，以及人工智能上应用的机器学习等类型的计算中。比如，在图形处理器占据世界市场最大份额的英伟达公司，就为了能够实现高度的科学计算采用了将多个图形处理器并列运行处理的模式，并将这种形式的超级计算机用于实际装载深度学习技术。

英特尔公司虽然在世界上的冯·诺伊曼机处理器市场占据了最大份额，但是也开始将触手伸向了非冯·诺伊曼机的研究和开发上。2015 年，英特尔并购了一个名叫阿尔特拉的处理器公司。英特尔花费在这次并购上的钱竟然高达 2 兆日元。

阿尔特拉正在开发的技术是通过改变处理器的构成，进而实现高效完成多样计算的效果。通过该项技术，主要可以在两个方面实现在控制电量消耗的同时进行高效处理：其一是本身就无法使用大功率电力的小型机器上，其二是为了驱动大型处理器而使整体电力消耗量变得十分庞大的云计算。

支配着个人电脑处理器市场的英特尔已经预见到了个人电脑之后下一个时代的到来，其象征性的一点就是不惜在非冯·诺伊曼机的处理器上投下巨资。

IBM 公司在沃森等人工智能上采取一种积极推进的态势，而且在处理器层面也为了能够更好地支持人工智能而展开了相应研究和开发。

如果想要在电脑上再现人脑的构成和运行机制，冯·诺伊曼机与人脑之间在构成上的鸿沟就成为一大问题。在冯·诺伊曼机中，存储器与处理器是互相独立的，处理器从存储器中读取数据并逐一处理。

相反，人脑则相当于一台超级并列式运行处理的电脑，1000个以上的神经元之间产生了 1000 兆个以上的链接，进而同时运行处理。

IBM 公司开发出了名为“真北”(True North)的处理器。据称，在这一处理器上能够在一个芯片上复原 100 万个神经元与 2.5 亿个链接。并且，与冯·诺伊曼机完成相同规模的处理相比，能够大幅减少所需的电量[1]。

而且，现在还在推进基于量子力学原理运行的量子计算机的研究与开发。2030 年左右，虽然还并不清楚到那时是否能够完成量子计算机的开发，但是量子计算机的开发一旦实现，就能够承载超级巨型规模的计算，这一计算如果让现代最先进的计算机来完成，可能也要处理到宇宙终结的尽头去了。这样的计算机开发完成后就

1 日经计算机编:《The Next Technology：直逼人脑的人工智能最前线》(日经 BP 社，2015)

可以直接应用于人工智能的研发。实际上，谷歌已经设立了量子人工智能研究所，从事利用量子计算机实现人工智能的研究。

就像这样，发生在电脑的大脑核心——处理器上的各种各样的技术革新，让更多的机器能够搭载更高性能的云计算，并使以极低的电量消耗完成现在的我们无法想象的巨型计算处理的目标成为现实。

第二封印——网络

在计算机的构成要素中，与处理器同等重要的就是网络。个人电脑随着互联网的普及，经历了从经由电话线路的拨号连接到 ADSL（非对称数字用户线路）再到光纤固定线路的进步。智能手机的普及历程中，无线通信网络由 3G 时代进入 4G 时代也发挥了极其重要的作用。

有关无线通信已经基于先行的 4G 网络开始了下一代移动通信网络 5G 的讨论。5G 网络现在正以 2020 年完成实用化为目标，将通过更高速的网络通信，大幅度减小通信过程中的延迟，这样一来就能够实现远程实时控制多台设备。另外，也可以实现更多数量的设备同时使用互联网，这使得我们后文中会提及的，数量远远超过现在的设备同时连接的实现成为可能。

近年，可穿戴式的及各类物联网的设备也成为热门。其中大部分都是与智能手机进行通信，并通过应用程序联动同时需要接入互联网的设备。这样的设备出现的背景是智能蓝牙这一通信规格的普及，因为上述这些设备并不一定能够连接电源，并且体积小，无法搭载大号的电池，所以如果持续进行通信，电量消耗大是一个问题。使用智能蓝牙技术与之前的通信规格相比，能够将电量的消耗控制在以前的一半或者十分之一的水平。

最近，搭载 NFC（近距离无线通信技术）这种无线通信技术的设备越来越多，如智能手机。NFC 在日本与现在的地铁西瓜卡和手机钱包相同，可以在两个设备互相接近时完成通信。这种方式的通信技术，可以将其作为交通工具的电子票据或是办公室的出入证，以及苹果手机等设备上的电子货币等来使用。

今后网络领域发展的趋势将会是，相比于现在通过人类直接使用机器设备进行通信这种情况而言，机器设备之间，无论是远距离还是近距离都可以直接进行通信的情况，将会占据压倒性的使用比例。因此，与 5G 这样高速网络的连接，依靠蓝牙实现附近设备之间通信的联动，以及 NFC 这样几乎依靠设备相互接触来将其联结的网络技术，都将在今后开发出的各类设备中被广泛使用。

虽然世界总人口在 2030 年预计会达到 80 亿略多一些的程度，但是通过互联网连接的机器设备在 2020 年这一时间点的预估数字就已经达到了 250 亿台到 500 亿台这样的水平了。这种情况下，根据梅特卡夫定律，到那个时候相比于连接人与人的互联网，连接机器设备与设备之间的互联网将蕴藏远远高于前者的价值。

第三封印——物联网（IoT）

处理器与网络的进步使得各种各样的“物品”都搭载了高性能计算机，并且通过互联网相连接这件事情成为可能。这在之前可能是想都未曾想过的事情。这一发展趋势被称为物联网（IoT）。

比如，苹果公司在 2015 年就发布了第一款可穿戴式的计算机——苹果手表（Apple Watch）。苹果手表的内核与四年前发售的苹果手机相同。仅用四年时间，当时性能最好的智能手机的大小就已经发展到了能够佩戴在手腕上，并且续航能力能够支撑其一整天的使用。该手表与苹果手机之间的通信是通过蓝牙完成的，并且还搭载了 NFC 支持 ID 认证和电子支付。

其他 IT 企业及制造商、健身器械制造商、手表制造商等也相继发售了手表或是腕带型的可穿戴设备，这一场景完全就是一副可穿戴式设备元年的样子。

不仅仅是手表或是腕带，眼镜型的设备也受到了关注。谷歌发售了名为谷歌眼镜的搭载了眼镜式显示器的电脑（但比较遗憾的是谷歌眼镜已经停止售卖了）。我们可以由此预见，今后一定会有各种各样的制造商推出各类型的眼镜式可穿戴设备。眼镜式电脑将会应用在通过虚拟现实技术及增强现实技术来展现信息情报等场景中。

不仅仅是能够装备在身上的可穿戴式设备，电脑现在已经渐渐渗透到了家里、街道上及汽车等生活环境中。

创造物联网这一发展趋势的是曾在苹果公司开发出 iPod 的托尼·法德尔[1]，他在自立门户后推出了名为“Nest”的恒温器。美国与日本不同，对建筑物的温度控制一般都是以整个建筑物为对象，由中央空调来进行控制的，而非在每个房间中单独安装空调设备调

1　托尼·法德尔（Tony Fadell）：美国创业家。曾任职于苹果公司，并开发了 iPod。之后创办 Nest 公司利用人工智能技术开发恒温器。Nest 公司后被谷歌公司并购。

控温度。恒温器就是通过控制和调整空调功效来保持建筑内部一定温度的设备。

Nest 恒温器能够接入互联网并通过智能手机等设备来设定调节温度，并且能够通过搭载人工智能，实现根据室内的人数以及室外气温等信息，来智能维持室内舒适体感温度与能源消耗的平衡。尽管 Nest 的价格是市场上普通恒温器的两倍，但还是在一年之间售出了 100 万台，成为当年的热销商品。之后 Nest 公司被谷歌公司并购，成为其智能家居战略的关键一环。

除了 Nest 恒温器，还有很多智能产品被推向了市场，如能够通过电脑控制改变照明颜色的设备（飞利浦的“Hue”），能够在网上或智能手机上开锁的智能锁等产品，都聚集了相当的人气。以索尼的 PS 游戏机和苹果的 Apple TV 为代表的这类与电视机相连的游戏机或机顶盒类产品，也渐渐多了起来。

这些物联网设备，为了实现相应的性能需要具备各种传感器，比如在 Nest 恒温器上面会有人类感应器与温度计，再比如现在的智能手机上其实也具备话筒、照相机、GPS 定位及能够测量动作和速度的加速度感应器等。可穿戴式设备为了测量使用者的健康状况和运动情况，还需要搭载如加速度感应器及脉搏计等传感器。汇集于物联网设备的各种传感器得到的数据最终会传入云端，被用作让人工智能更智能的“学习资料”。

同时在物联网设备中甚至还有自己行动完成工作的设备。是的，这就是机器人。2015 年，软银集团开发的人形机器人“佩珀”（Pepper）分别面向个人消费者和企业消费者开始发售。

软银集团并没有止步于佩珀的发售，随即开发并推出了能够为人形机器人提供更高准确度及更稳定发挥的机器人系统“V-sido”。除此之外，DMM 公司也打出了开展机器人事业的旗号，开始了机器人的售卖项目。2015 年可谓是日本的机器人元年。

再看海外市场，谷歌公司在美国国防高级计划研究局的支持下接连并购了波士顿动力公司以及 Schaft 两家公司。其中，波士顿动力公司曾在美国国防部高级计划研究局的支持下开发用于军事目的的机器人，而 Schaft 则是在美国国防部高级研究计划局机器人大赛中夺冠的日本风投公司。不仅是能够自主行动的机器人，像日本的 Cyberdyne 公司开发的机器人外骨骼也将被推向市场。这一机器人外骨骼开发的主要目的是弥补日本老龄化社会中老年人看护，以及年轻劳动力减少所导致的劳动力不足的缺口，通过这种机器人外骨骼可以减轻人类肉体劳动的负担。

另外，汽车与无人机作为机器人的不同形态也被列举出来。谷歌发表了其无人驾驶汽车的行驶测验结果，从这一结果来看，在六年时间里总行驶里程达到了 160 万公里，仅发生了 11 起事故，并且据说所有的事故都不是由无人驾驶汽车驾驶过失引起的。

现在的汽车制造商也不甘落后，都在无人驾驶汽车的开发上投入了巨大的人力和物力。遥控直升机，也就是我们一般而言的无人机，也因为亚马逊公司宣称其将应用无人机进行包裹的配送而一时间受到极大关注。

对于机器人的应用不仅局限于我们的日常生活中，在制造业等工作现场也有将现在人类进行的工作让机器人代替完成的倾向。

反之，诸如 3D 打印机、激光切割器和数控机床等作业设备可能也会慢慢进入我们的日常生活。

今后的电脑可能会更接近人类的身体，植入芯片的假肢、人工视网膜、人工内耳道、人工脏器等被实际用于医疗领域的情况也会增加。另外，所有建筑物的各类设备都会变成内置电脑，并接入互联网的设备。同时，这之中还会包括机器人、汽车、无人机和工厂设备等制动的机器在内。

第四封印——用户界面

如上所述，现在的电脑和智能手机无疑只是计算机的一部分，其实大部分的计算机是没有鼠标、键盘，也没有触摸屏的。并且，应用的场景也不仅仅局限于桌上等环境，无论是家中、街道上还是在电车里都有计算机的身影，所有的生活场景都会变成计算机的应用情景。

到那个时候我们所使用的物联网设备将会以一种怎样的用户界面来进行操作呢？这一问题的答案，就藏在我们自己的身体里面。

今后我们可能会采用触摸或是更便捷的直接与设备进行语音对话的形式来控制设备。语音的好处是设备无论是植入体内还是建设在建筑物中，即便我们没有办法看到或是触摸到设备本身，也能够通过语音进行操作。

并且，通过语音对话的能力大多数人都自然具备，如果设备有充分的应答能力，就能够实现对设备自然流畅地控制。

虽然 Siri 和沃森都已经实现了上述语音对话的技术，但是目前的人机对话还是十分有限的。今后，随着深度学习等技术的发展，与不逊于人类的设备进行语音对话也将成为可能。Siri 这样的个人助手将会被更广泛地应用，并且还将能够同控制的设备和云端服务相连接，进而为我们提供更多便捷一体化的服务。

虽然在能够通过书面表达进行工作并获取信息的情况下，通过语音来控制是更为有效的方法，但是如果是要完成搬运物品或是改变数值这样的在空间内进行的对话性操作，比起语音控制，可能使用身体的动作来控制更为有效。因而通过触屏来操作智能手机及平板电脑的方式可能会被保留下来。即便是设备本身不存在了，可能也会开发出利用摄像机识别手或者身体的动作来完成手势或动作操作的设备。谷歌公司正在尝试将深度学习应用在这样的动作识别上。

在信息的输出方面，可能不再局限于现在这样的平面图像展示的形式。现在利用眼镜式的设备将信息进行三维展示的虚拟现实技术已经渐渐普及。为虚拟现实热潮推波助澜的是傲库路思公司一款名为“Oculus Rift”的显示设备，该设备于 2016 年开始发售。

不仅虚拟现实技术将深入我们的生活，在现实世界里通过全息投影将信息展示出来的设备的开发也在大步推进着。已经在发布会上公布的就有微软公司正在开发的“HoloLens”这一设备。由于谷歌公司宣布对其进行总额高达 1000 亿日元的风投而一时间引起热议的 Magic Leap 公司也宣布将推进开发同类设备。

利用这样的设备，就可以实现在眼前的现实世界中呈现虚拟的物体及所需信息，并且可以用手来触控进行操作的效果。这样的增强现实技术与傲库路思的 Rift 这样的虚拟现实技术不同，这一技术并非完全脱离现实，因此最终将能够应用在手机等设备上。其应用的范围很广泛，有可能将会比现在的虚拟现实技术有更为广泛的拓展应用的空间。

从技术上来讲，上述各项技术有更进一步发展的趋势。与此同时，被称作是脑机接口技术的新技术已经提上了科学家们的研究日程，所谓脑机技术是指读取人脑电波等脑信号来了解人类意图的技术。这一技术已经在读取人类脑海中浮现的幻想内容方面取得了一定的成果。深度学习等机器学习技术就其由来而言也可以应用于解析脑电波信号上。如果这项技术能够取得长足的发展，那么可能连语音和动作操作的必要性也没有了，人类仅需要通过想这件事情就能控制机器完成动作，简直就如同科幻小说中描绘的一般。

这样，今后人类与电脑或人工智能之间的对话，将超越现在采用的触摸形式，发展成为利用我们的眼睛、嘴巴或是身体，来更为自然地与其他一般人完成交流。

第五封印——云

在我们现在的生活中像 Facebook、谷歌和 LINE 这样的云服务已经成为不可或缺的一部分，我们有理由相信今后我们将继续使用各种类型的云服务。另外，现在运行在电脑或手机端的应用软件可能在未来也会被云端提供的服务所代替。

但是，使用这些服务将不会像现在一样局限于电脑和智能手机，而是会扩展到包括上文中介绍过的语音对话代理人或是物联网设备、机器人等各种各样的设备。也就是说，浏览网页或是应用界面的占比与现在相比将会大幅度下降。同时，云本身的性能也会随着摩尔定律及非冯·诺伊曼机处理器的广泛应用得到显著提升，这一结果只是由于极为单纯的规模扩大等条件的改善。

另外，虽然现在为我们提供云服务的主要是以谷歌和 Facebook 等为代表的 IT 企业，但就发展方向而言，未来 IT 产业并非其主要业务领域的企业也能够通过云服务与顾客相连接。这之中，不仅包括营利性质的企业，还包括非营利性的行政部门等公共机构，如医院、学校，以及研究机构等在内，均可以通过云服务与顾客直接相连。

这样一来，我们的照片、我们听的音乐等内容，甚至我们个人所有的财产、身体状况，以及生病的情况、人际关系、工作等所有事情的相关信息都会被储存在云端。可以说我们每个个体的整个人生都将完全被储存在云端，像是有了一本自动记录的生命日志一般。

云发展的目标是实现提供全方位无死角的数据、交流与服务，因而它将会作为一种生活的基础设施有长足的发展。

第六封印——大数据

云将会收集所有设备和服务的数据。其实我们现在云服务过程中产生的数据已经被称为大数据，并已经产生了相应的商业价值，开始了商业化运作。

未来的世界中，如果我们日常使用上文中介绍过的那些设备，通过物联网设备及机器人等的传感器测量得到的数据将大量涌向云端，这些数据与现实世界紧密相关，其规模也是与现在已经能够获取的数据量级不同的。这些数据中不仅会有与城市和自然环境相关的信息，还会包括与个人的行动及生活状态密切相关的信息。

实际上，谷歌这种提供在线服务的企业之所以同时提供安卓这类智能手机操作系统，并且推进机器人项目，就是为了获取更多现实世界的数据，而这些智能手机也好，机器人也罢，都像是其派出巡回世界的传感器一样。

另外，如果包括商业在内的公共事业、学术研究、医疗和福利等各个领域的产业活动，全部都转向使用云服务，这些领域内活动的数据都将能被自由获取。

现在已经记录在云端的就包括网页传递的信息及人与人之间交流沟通的相关数据。但是，物联网设备、机器人和现在还未连接到云端的所有领域的活动都与云服务相连的话，那么现实世界中存在的人类，以及与人类展开的各项活动、相关未经处理的照片等都将以现在无法想象的规模被记录在云端的数据中。

第七封印——人工智能技术

正如在前文中介绍过的那样，处理器根据摩尔定律的推断朝着体积更小、处理速度更快的方向发展，并且其未来进一步发展的方向已经不是冯·诺伊曼机，新型处理器已经逐渐开发完成，以更好地适应人工智能技术的需要。

同时，5G 移动通信网络、智能蓝牙、NFC 技术代表下的以设备与设备、机器与机器之间的通信为假定条件的网络技术，将会得到更广泛的使用。在这种处理器与网络发展的背景下，物联网设备和机器人等机器设备将得到更为广泛的普及。

对于这些设备的利用并没有止步于信息发送及沟通交流方面，而是将发展至所有人类活动领域都能够应用云服务的地步。其结果就是，与人类各种各样活动相关的数据都将汇集于云端，被云端事无巨细地记录下来。未来人工智能将能够利用比现在更丰富、规模更大的现实世界的相关数据。

人工智能技术本身就像我们在第 5 章结束部分介绍过的一样，在谷歌和 IBM 这样的 IT 企业及各国政府的大力推动下，将通过对人脑整体重新全面测量和重组的研究在今后 15 年内取得长足的进步。2030 年左右，人工智能极有可能发展到与人脑相当的“智慧”或是至少能与人类进行自然对话的程度。

这样一来，谷歌和 IBM 等公司不仅会将未来的云人工智能使用在自己公司提供的服务中，也将通过云端将人工智能本身作为一种云服务提供给广大消费者。其他市场主体也能够将人工智能加入自己的设备或是服务当中来。实际上 IBM 公司已经将沃森开放给了公司外部的开发研究人员，并且为了使沃森的对话及判断功能能够自由搭载到其他产品中，也进行了相应的设置。

通过这样的机制，在我们生活中的所有场景和所有活动中，都能够通过人工智能，实现“上帝恩惠普照的千年王国”。在这样的“千年王国”中，将会实现怎样的神功灵巧呢？我们将在这样的王国中过着怎样的生活呢？

接下来我们将以人类行动大数据化、健康与医疗、城市基建及人类的工作究竟是否会被人工智能所代替为切入点，对 2030 年世人的生活方式做一个大胆的设想和展望。

被大数据化的生活——你无法躲过上帝的眼睛

在上述七个封印被逐一解开的社会中，从我们佩戴在身上的东西到建筑、城市、自然环境每个角落的所有场景，都能够使用搭载电脑的设备。

这些设备，通过互联网与云服务相连接，通过传感器及使用者的输入获得的数据将储存到云端并积蓄起来。进而，云端的人工智能就像无处不在的上帝的眼睛一样，获取着这个世界所有情况下的每一条信息。

现在我们已经广泛利用社交媒体平台来分享个人生活等内容了，今后我们也能够通过智能手表和智能眼镜实现更高频次、更丰富的内容分享。

同时，通过 GPS 实时追踪得到的定位信息，与通过可穿戴式设备推测出的佩戴者心情状态等信息，也能够被共享。这之后出生的人，可能在生命中的每一天发生的事情，都能够以影像数据的方式记录下来，并且人工智能会通过深度学习，对这些影像内容加以识别并自动将其数据化，其中甚至包括你在这一天中见了谁，吃了什么，看过什么等内容。就像现在艺人或明星所过的生活一样，生活中的每个细节都被记录下来，并且其中大部分内容都被自动共享给他人，可能这就是今后我们每个普通人的生活方式。

如果使用可穿戴式设备，不仅仅能够获取在线的人际交往关系，连佩戴者在现实世界见了谁、见了多久这样的数据，也能被获取并应用于分析。这种分析方法称之为社会测量法，这也是现在麻省理工学院和日立等机构与企业的研究方向。

这种记录行动的数据将会就我们的日常行动赋予人工智能相当规模的数据和“知识”。比如，谷歌现在有将互相持有联络方式信息的人在附近机场入港时会实时发出推送通知的功能。另外，Facebook 在可能认识的人中给出的推荐有时也由于太过准确，会让人觉得不寒而栗。

今后人工智能技术将会应用于更广泛的领域，甚至会进一步发展成为能够为使用者推荐解决方案的水平，比如应该联系谁或是怎么回复这条信息之类的，甚至可能实现根据使用者的设置进行自动回复。

与我们每个个人密切相关且更为重要的信息就是金钱相关的信息。现在已经出现了能够读取银行账户交易信息及信用卡的使用记录等数据的云服务。

然而，日本的零售业中在线交易仅占到了 4%。2015 年苹果及谷歌、三星等公司都推出了电子支付服务，这使得人们能够通过随时拿在手中的智能手机或可穿戴式设备完成支付，所以我们可以预见电子支付的利用率今后会进一步提升。

虽然在现阶段各企业还没有试图直接利用这些交易数据的动向，但是就营销的需求而言，全部的交易记录是每个商家垂涎已久的信息情报，所以商家们可能会通过返还积分点等奖励行为来推进这部分数据的收集工作。最近的一个例子，就是日本文化便利俱乐部（CCC）通过积分服务来收集消费记录信息。

像这样的数据，在对社会信用进行评价时会被要求提供。比如，在加入疾病保险或生命保险及判定保险费用时，就会被要求提交健康情况和病历等相关信息的数据。

在汽车保险行业，一些较大的保险公司已经开始提供一项服务——车主在购入汽车保险时如果同时提供行车记录仪的驾驶数据，就会根据这一数据对保险费用做出相应的调整。同时，贷款审查中，对坏账风险进行评级时，也会对资产情况及至此为止的交易记录等进行详细评价，进而决定是否通过贷款并决定利率。

基于数据对个人进行评价，对于教育和就业也产生了一定的影响。学校或企业在决定是否录取时也要求公示个人的学业成绩或工作业绩的数据。现在企业录用一个候选人时去确认其社交媒体的情况，已经成为一个一般流程和必要手续。

另外，美国孟菲斯大学已经导入了一个名为“Degree Compass”的系统，用于根据每名学生的课程成绩数据，推荐其今后选择什么样的课程会得到更为理想的分数。校方还表示，今后希望通过Degree Compass 系统，对学生选择怎样的职业规划更易取得成功予以建议和指导。

人工智能会利用大数据对我们每个人可能会采取的行动进行评价，甚至会对我们的性格给出评价。最终，人工智能评价的结果将会被用在社会信用评级和个人职业发展的决断上面。就我们现在的基准来看，这一点可能令我们今后活得更困难。

话虽如此，像 LINE 这样要求我们即时回复消息的社交软件，从过去的标准来看是社会给予我们的一种无形压力，让我们的生活更“困难”了，但是现在的年轻人对这种情况已经完全适应了。

对于大多数人而言，如果能够为其提供足够的便利的话，还是愿意牺牲一部分自由的。从我们开始接受法律的规定，在法律的规定下生活这一点时起，就已经是这样的了。

我们不难想象，今后我们也会牺牲相当一部分的自由，来置换人工智能在健康与医疗、安全与安心、环境与资源等方面为我们提供的便利。

健康与医疗——100 岁去世都还太年轻

对于衰老和死亡的问题，在所有宗教和科学层面都有着对其解释和探求的梦想。人类在经过 20 世纪的发展后平均寿命从原本的 31 岁延长到了 70 岁。这一点在随之到来的人工智能时代也将是一个最大的挑战。

比如，未来在对病患进行诊断时，人工智能将会对过去的诊疗数据及论文成果等知识，与患者本人至今为止的病历信息，与可穿戴式设备与物联网设备中记录的身体状态的数据进行对比和总结，进而提供病症的判断，以及恰当的治疗方案等信息。

能够完成医生门诊问诊的程序已经开发完成并投入了使用，并且一定程度上并不亚于人类医生的诊断精确度。同时在美国和加拿大的 14 个医疗机构中，展开了 IBM 公司开发的沃森用于辅助制定癌症的诊疗方案方面的尝试。

在《危险边缘》节目中主要是以问题为对象，但是在这些医疗机构中却是将癌症相关的过去的医疗数据和论文数据全部加入数据库中，并向医生提供符合患者现在状态的恰当的治疗方案和服药剂量等信息。在不远的将来，我们身体不适时，将会首先在人工智能版“家庭的医学”这样的系统上进行简单诊断，如果还需要人类医生来确诊，再去接受医生的门诊。这样一来诊断的结果及医生所建病历簿的信息，就并非只保存在各个医院等机构当中，而是变成了储存在云服务中，并对患者端接入的权限予以相应管理的电子病历簿，并且现在也正朝着这个方向推进着。

另一方面，身体情况的相应数据，已经能够通过可穿戴式设备来对活动量和脉搏等数据进行测量了。从对健康状态的整体把握来看，今后还将对血压和体温等数据进行测量与管理。另外设置在一般家庭中的身体成分分析仪和厕所等，也将对数据进行测量并储存到云端。

谷歌在研发部门实行了一个名为“基础值研究”的项目计划，将多名实验参与者的身体数据（心跳数、尿、血液等）收集起来做成数据库，并推进对其基础值的研究。据说收集数据的工作将会通过内置传感器的隐形眼镜等可穿戴式设备展开。

爱沙尼亚建立了一个“生物银行”，采集了 5 万人的血液样本，这相当于其全国总人口的 5%。对这一数据分析的结果是明确了一直以来未被发现的血液状态同其五年内死亡率的关系。

进而，个人所持有的遗传基因信息（染色体基因组）也成为大数据分析的对象。比如，谷歌的创始人谢尔盖・布林前期创办了 DNA 鉴定公司 23andMe，来向个人提供价格更亲民的遗传基因检测服务。

有一位名叫克雷格・文特尔[1]的生物技术学家，因为从前创办的公司以实现世界首次对人类基因组进行解读为目标而闻名于世。文特尔在 2014 年创立了新的公司，根据遗传基因组的信息来对随着年龄增加而更易出现的癌症、老年痴呆及心脏病等病症的应对措施进行研究，并且以推迟衰老和死亡为目标。为此，文特尔的公司一年时间内对近 4 万人的个人遗传基因组进行了读取和分析，这一数字是前所未有的。

同时，在美国哈佛大学主导的集结包括日本在内的 7 个国家的研究机构参与的“癌症基因组阿特拉斯”项目中，采集了 30 种类型癌症的约 7000 名癌症患者的基因组信息，进而发现了成为致癌病因的异常遗传基因。人工智能通过分析像这样收集起来的数据，就能够对病患和死亡采取必要的处理方法与应对措施。

践行这种克服衰老和死亡技术的人物，我们在第 4 章中作为 Siri 语音识别技术的发明人介绍过的雷・库兹韦尔也是其中一位。库兹韦尔在麻省理工学院时师从明斯基。近年，在谷歌任职的库兹韦尔由于坚定地主张奇点将会产生而聚集了广泛的关注，所谓“奇点”是指在 2045 年左右，人工智能将摆脱人类的控制开始加速度

1　克雷格・文特尔（Craig Venter）：美国分子生物学家。创办了合成基因组公司，并从事人类基因组的解读。现在在利用人类基因组的信息从事延长人类自然寿命的研究。

式地发展和进步，并且在这之后会发生什么，谁也无法预测[1]。

库兹韦尔日常将自己的血液、毛发及唾液作为样本，测量并记录其中的营养元素、激素值、代谢副产品的值。听说他还会根据该测量结果，每天服用250粒营养补充剂，并且每周进行6次不通过消化系统的营养补充剂静脉注射。其结果是他主张的，从40岁到56岁的16年间，他的生物学年龄一直停留在40岁的状态。

库兹韦尔患有几乎无法治愈的糖尿病，但是在其独特的治疗程序下，没有出现任何恶化症状。虽然现在还没有第二个人能够实践库兹韦尔这样的生活方式，但是随着测定身体状态设备的普及，采纳人工智能为我们定制式的生活方式后，我们能够健康生活的期限一定会随之延长。

库兹韦尔曾说，如果真的能够活到2045年奇点到来，在那之后就能够得到永生。到了那个时候，人类与人工智能的融合使得人类能够不再限制于生物学的寿命，获得直到宇宙终结的无尽寿命。我们的智慧和思想是否真的能够拿到机器当中去，对这一点我们将会在第7章中展开更详细的讨论。

但片面地来看，正如我们之前讲述过的一样，如果能收集到足够多的关于某个人数据，就有可能实现创造一个模仿这个人的人工智能。这样的技术被称为数码克隆，已经有企业和研究机构开始了相关研究。

---

1 雷·库兹韦尔著，井上健监译，小野木明惠/野中香方子/福田实译：《奇点临近：2045年，当计算机智能超越人类》（NHK出版，2012）

2012 年谷歌公司申请完成了将数码克隆下载到机器人中的技术专利。谷歌还在通过输入大量电影中的对话数据，来开发能够与人类进行对话的人工智能，据说已经实现了能够与开发者进行哲学性的对话，或是对开发者的反复追问会生气这样的能力。利用数码克隆技术，我们是否能够复原已经过世的名人，并让其按照在世时的样子，再现他的行为举止？

这样一来，2030 年的千年王国，虽然不能完全消除死亡，却可以依靠大数据和人工智能两大武器延迟衰老与死亡的到来，并且现在已经为实现这一目标开始了各种各样的尝试，想必这些尝试将会在 21 世纪开花结果，并进一步延长人类的寿命。

以数码克隆为切入点，人们也在尝试通过人工智能再现人类的智慧和思想，进而摆脱生物学的寿命限制。实现某种意义上的“永生”已经渐渐成为一个现实的目标。

安全与安心——抓住那个恶魔

现在，全世界都面临着恐怖主义的巨大威胁。发端于伊拉克和叙利亚的极端组织在以周边的土耳其与突尼斯为主的多个国家，与包括欧洲的巴黎、亚洲的印度尼西亚以及美国等国家和地区，展开了恐怖主义行动，宛如一个恶魔。

令我们深感遗憾的是，互联网和智能手机等技术为这种分散式的攻击行为提供了实质上的帮助。通过对互联网平台的利用，实行罪犯与组织之间的沟通联络较之前更为便捷，激进思想的传播也更为迅速。

另一方面，我们也在利用大数据和人工智能来防止类似的恐怖主义与犯罪行为继续蔓延。美国圣克鲁斯市的警察已经开始引入通过对过去的数据分析，预测犯罪行为发生概率较高的地点和时间段，并预先增派警力来防止犯罪行为的发生。这一系统被称为警务前瞻系统，使用这一系统后该市犯罪案件的发生数量成功减少了 17%。

同时，纽约市警察为了将零散状态的搜查信息进行整理并统一登录，开始引入沃森系统进行实验。曾创办了 PayPal 公司的彼得·蒂尔等人后来又创立了一家名为 Palantir 的公司，其主要客户是 FBI 和 CIA 等美国政府的情报机构，公司将这些机构所持有的个人信息与这些个人在线上活动的数据进行组合比对后，将分析结果提供给这些机构，以供它们用于对犯罪行为的搜查和监视。

同为美国情报机构的 NSA 收集了庞大的个人数据，并对个人进行了监视这一行为，经过前 NSA 职员爱德华·斯诺登的曝光得到了证实。今后，通过引入这些技术手段，预防犯罪行为于未然将变得更为理所当然，我们有理由相信犯罪和恐怖主义行为的发生相比现在将有大幅下降。

笔者认为到 2030 年，将在发达国家彻底消除物理性犯罪，或许也是合理推论而并非狂言妄测。犯罪、恐怖主义甚至是战争将会以人工智能为对象，并通过人工智能来完成，正如《攻壳机动队》中所描绘的那样，“电脑战”的比例将在未来大幅度提升。

环境与资源——人工智能能否战胜环境危机？

到此为止我们讨论了个人的健康和社会的安全稳定，但是环境和资源是超过这些问题的全体人类共同面临的最大危机。

2015 年，世界各地都创造了史上最高平均气温的记录，这一年是历史上罕见的暑热难耐的一年。工业革命后的 100 年间世界平均气温一直在上升，其中一大原因是与 20 世纪工业化发展过程中人类的相关活动，这一点已经成为一种科学性共识。

联合国预测，21 世纪内世界人口将会突破 100 亿大关。食品、水源和能源等资源的分配，业已成为困扰人类的一大问题，今后还将变得越来越困难。

为了应对这样的环境和资源问题，如何利用大数据和人工智能来将其解决已经成为当务之急。虽然现在人们对这些问题的认识还不够深刻，但是如果长此以往，到 2030 年的时候反常的气象将比现在更多，这一事态的严重性也必将得到更广泛的认同。

包括日本在内的多国政府都开始将与公共利益相关的数据设置为公开数据，提供给所有人。同时，今后的城市规划中，或将借用这些数据来进行决策。

如，谷歌公司也是出于这样的目的，创办了一个名为“人行道实验室”的分公司，并邀请纽约市前副市长出任 CEO。这就像是模拟城市这个游戏变成了现实一般，将城市相关的数据以俯瞰的姿态整体掌握后，利用模拟仿真等技术进行城市合理规划。

在城市相关的数据中尤为重要的是，要清楚在各个建筑物中的每一台机器需要消耗多少能源。石油的产出正逐渐减少，而且即便是出于减少温室气体排放的目的，也应该推动更高效的能源利用，这不仅是每个家庭都应该予以重视的，也是每个企业都无法回避的。

电力供应网也正在朝着智能电网的方向发展着。这主要是指现有的由大型发电站集中向各个建筑物供应电力的中央集权型供应网，逐步发展成为由一个一个小型的发电设备供应电力同时互相补充交换，就像现在的互联网一样分散型的智能电网。这一改变特别是在推广建设太阳能发电及风力发电等清洁能源发电普及的过程中，是尤为必要的，因为这些清洁能源发电站的发电量规模小，供给也并不稳定。

另一方面，为了实现智能电网的构筑，就需要对每个建筑物的电力需求进行监控，并且必须在预测其需求量变化的同时，对单独的发电设备中产出的电量进行预估，决定出最佳电量分配方案。这样的判断过程对于人类而言实为复杂，因此将会交由人工智能来代为完成。

至于气候变化的问题，在各地设置测量气温及大气构成成分数据的传感器，就能得到更为详尽并且即时的关于气候变化的数据。在根据这些数据对气候变化的原因进行分析或者探讨应该采取的必要措施时，也会使用人工智能。

这样看来，我们在致力于解决环境和资源问题的时候，大数据和人工智能是极具潜力并且是唯一的解决方案。因此，就要求我们更加积极地推进人工智能的开发。

工作价值的反转——莫拉维克悖论

人工智能必将彻底改变我们的生活。或许大家都会比较在意人工智能会对我们的工作和工作方式带来怎样的影响。那么我们接下来就这一问题做一个简单的分析。

人类历史中，曾经需要人们倾注心血来完成的耕作、搬运、制造和家务等物理性劳动中，绝大部分在工业革命以后都能由机器来代替我们完成了。其结果是包括日本在内的发达国家中，人类需要完成的工作中，占绝大部分的都是不需要过多体力劳动的服务性工作或是脑力劳动，以及操作工作机床、驾驶汽车等操作机器的工作。

伴随劳动产生的身体上的痛苦及需要熟练度和反复重复的手工作业已经大幅度下降了。人类的作用是发挥其记忆能力、认知能力及判断能力等，主要是集中在脖子以上的部位进行的劳动。医生、律师、证券交易师、经营管理者、科学家等需要具备相应能力和资格的工作，成为高收入和高社会地位的工作。

今后，人工智能正如在第 5 章中解释过的那样，将通过利用汇集在云端的大数据及深度学习技术，得到人脑无法处理的大量信息，并且从这样的信息中自主发现有意义和价值的模型。

这样一来，就会出现一些人工智能辅助人类作出判断的情况，甚至在某些情况下人工智能可以直接给出判断。这与工业革命时代下人类的体力劳动被机器所替代一样，人工智能以深度学习技术为基础，置换了人类为了进行智能判断所使用的大脑皮质的功效。

依靠人类智慧完成的脑力劳动也能够被机器所替代了。这就与自己本身没有足够的力气或是没有熟练的技巧，却能够通过使用机器来完成体力劳动，是一个道理。同样的，在脑力劳动中也发生了一个转变，那就是相比于个人的智慧，更重要的是能够很好地使用具有“智能”的设备。

这一转变将会给所有产业领域的所有工作带来影响，但是是否会最先受到这样的影响，则取决于工作的特性。

这其中的一大方针就是，人工智能科学家汉斯·莫拉维克[1]提出的“莫拉维克悖论”。这一悖论的内容是，对人类而言越困难的高度脑力劳动在人工智能身上越容易实现，反而是无意识的技能和直觉却需要极大的运算能力，人工智能难以完成。

人类的孩子最开始就是通过自己身体的运动，而与周围的人、与这个世界产生了接触。随着运动系统的发达，能够识别出用眼睛看到的人或物品。进而，开始通过语言来与周围的人进行交流。一般而言使用数字进行计算是在最后才会习得的技能。

而计算机的发展历程完全是一个相反的过程。最初只是一个运算数字的机器。之后，发展到能够使用机器语言进行编程和读取指令。再然后，出现了能够通过视觉直观操作的个人电脑。在苹果手

1 汉斯·莫拉维克（Hans Moravec）：奥地利人，在卡内基－梅隆大学担任机器人工学教授。莫拉维克提出的人类与机器人之间工作难度的反转这一学说，被称为“莫拉维克悖论”。

机出现以后，通过触屏等动作进行操作也变得习以为常了。人工智能也经历了同样的发展历程。

最先发生变化的脑力劳动

按照莫拉维克悖论的推断，最先能够使用人工智能完成的工作就是处理结构化的文章和数字等符号性的信息，也就是医生、律师及其他同类型的脑力劳动。

我们以医生和律师的工作为例来讨论一下。二者在现代社会中都被认为是最需要高度专业性的工作，并且二者取得国家的资格认证也都相当困难，因而行业的准入门槛很高，入口很窄。这是因为二者都需要大量的专业知识，并且需要使用这些知识针对患者的情况及客户的需求作出判断，并给出最合适的处理方法。然而，这之中无论哪一点都是人工智能较为擅长的。

比如在律师的工作中，占据律师工作最主要的部分就是梳理与案件相关的法律条文，以及在过去的判例中如果适用相应法律条文，均给出了怎样的判决，并参考这些信息。日本优比客公司提供的一种名为“lit I view”的服务，能够为客户从过去诉讼的数据库中抽取相似判例的数据。这就是能够替代到目前为止在律师事务所中负责事务性工作的人的工作。

接着是对合规的判断及其与诉讼案件的对应。关于这一点人工智能也将会朝着能够给出提案的方向发展下去。

与律师有一部分职能交集的负责管理专利及设计等相关知识产权的专利代理人的业务也能够应用人工智能。比如，日本Astamuse公司就将现有的专利信息数据库云端化，并开始提供专利的搜索及相似信息的比对等服务。

对会计而言同样如此。日本的Free公司提供了会计领域的云服务，这项服务与同职业会计签订顾问合同相比，仅需要十分之一的费用，便可享有相当的服务。

像会计这样对数字套用形式上规则的工作，原本就不是发挥创造力的工作，单从这一点来看是十分适合人工智能的工作。在这一工作过程中需要人类来完成的部分，就是对结果的检查（日本的大型制造企业曾试图在会计一职上鼓励发挥创造力，结果导致严重的后果）。

不仅是法务和会计，经营资源管理（ERP）、顾客关系管理（CRM）等，在掌握经营现状并探讨实施方案这些方面进行辅助的商业信息系统上，都将会进一步引入人工智能推进其发展。

直接与资本相关的工作，因为是处理数字的工作，所以是适合用人工智能来做的。实际上，现在正最大限度地使用人工智能完成工作的领域是证券交易。美国证券交易中，据推算，已经有五成左右的交易是在程序的控制下自动完成买卖的。这些系统都以纳秒（十亿分之一秒）为单位观察着市场的动向，并且由于系统会产生连锁反应，这也是近年频发的世界范围内股票市场连锁性短期内暴涨暴跌的直接原因。现在由理财顾问负责的面向个人的资产运作，今后也将会有能够给出建议和意见的人工智能活跃于这一领域。

在各类科学研究领域中对人工智能的应用，仅凭本书是说不尽的，但是在此仅举一个例子——在药物研发领域，人工智能的使用是大有前景的。现在的药物研发过程中已经将蛋白质构造通过分子动力学模拟器表现在了原子和分子层面。规模庞大的排列组合计算必须使用超级电脑来完成。像这样，从庞大的数据中抽取模型的工作利用人工智能来完成就再合适不过了。

近年来科研中的作弊行为引发人们热议，这些都是由于在实验结果中没能公开适当的实验记录而产生的漏洞。今后在科学研究领域，数据将会保存至云端，并且在审查论文时利用该数据进行追加实验，将作为科学研究成立的必要条件发展下去。

处理结构化文章以及符号化信息的工作已经在推进应用更加灵活的人工智能，并且在工作表现上显示出明显优势。

会听会看的人工智能——模型化信息的处理

随着深度学习技术的出现，人工智能已经不再局限于处理符号信息，对于结构化的模型式信息也能够加以处理。如普通文章或对话等语言信息、图像，以及视频等视觉性信息、语音类信息都可以加以处理。

用语言进行交流的呼叫中心及窗口和贩卖等工作，由于今后人工智能使用语言进行交流的能力有望提升，这类工作也将会出现大范围利用人工智能的倾向。牛津大学在 2013 年曾对 700 多个职业是否会被人工智能取代做出了预测，最有可能被人工智能替代的工作中排名第一位的就是电话营业员。

呼叫中心已经存在根据语音识别结果自动回复的人工智能。2015 年，瑞穗银行的呼叫中心业务已经交由沃森系统来完成了。

同时，Pepper 现在已经作为营业员应用在了银行和咖啡机制造商等店铺，这也是 Pepper 最主要的用途。Pepper 同时还在老年人活动室通过利用娱乐程序等协助完成实验。类似这种应对有限顾客的情况，现在的人工智能已经完全能够完成了。

大型通信公司美联社表示，从 2014 年起已经开始使用人工智能来撰写股票市场相关的报告了。

这之后，将会是处理视觉信息的设计和创新的工作。虽然这类工作需要运用感性的认识来完成，我们会觉得立即让人工智能来完成会比较困难，但是创造性行为现在也已经能够使用人工智能来完成了。

如 1997 年圣克鲁斯音乐节上，一位名叫大卫・柯普的音乐家在演奏人工智能根据巴赫的乐曲风格创作的乐曲时，在场的观众有一半以上都表示无法分辨出，由巴赫创作的乐曲和由人工智能创作的乐曲之间的区别。

笔者的本业是设计行业。在这一行业中，2015 年上线了一款被称为“the Grid”的服务，是能够结合网页的内容自动对网页进行设计的在线服务（笔者如果不从现在开始做些什么，到 2030 年可能就会失业了！）。

最近发生的事情当中，2020 年东京奥运会的会徽，被指出与海外现有的标识有相似性，存在侵犯知识产权的可能性。现在对于标识和商标的相似性调查是由人来完成的，今后也有很大概率会交由人工智能来完成。

人工智能对语言、图像、标识等未进行结构化处理的模型信息的理解，通过应用深度学习技术已经取得了跨越式的发展。由此，人工智能的应用范围由符号信息的处理拓展出了更广阔的空间，甚至能够完成至今为止都被认为是只有人类才能完成的工作。

带着身体出生的人工智能

最后，人工智能就像是人类的小宝宝一样得到了自己的身体，并用这身体来从事一些家务、体力劳动、看护和农务等工作。就像 Pepper 的例子一样，通过将人工智能搭载到机器人身上，人工智能就能完成许多物理性的工作。

在办公室或家中这类生活空间内自由移动并进行作业，这一点对于现在的机器人来说是一个很难完美解决的课题，目前机器人还只能在工厂等较为单纯的环境，从事固定模式的操作和处理。

但是，在深度学习技术成熟后，拥有了自主学习能力的人工智能，甚至能够在充满变化的环境中对于没有固定模式和套路的作业进行学习，并形成最合适的处理方法。因此，如果我们把眼光放得更长远一些，机器人很可能会进入我们的家庭、办公室以及街道等一般的生活空间中来。

这样的机器人，正如以 Pepper 为代表的人工智能机器人，首先将作为交流沟通的媒介被应用，而不是单纯体力劳动的代替者。最近较为普及的对于机器人的使用方式与其说是利用人工智能来控制机器人，倒不如说是人类在远程控制机器人更为贴切。现在大多数企业都会使用一种装有车轮并且在身体部位装有 iPad，能够让员工实现远程参加会议功能的机器人，这种机器人被称为“double”。

这种服务被称为远程存在。笔者正与开发出了“V-Sido”机器人操作系统的 Asratec 公司一同开发一种价格更为亲民的远程存在型机器人，并希望通过这种机器人，使人能够进入远程存在的人形机器人的视点并对其身体的动作进行操控。通过使用这样的远程存在型机器人，进行冒险旅行或是远程完成一些简单的操作，就变成了轻而易举的事情。

今后，通过搭载人工智能，人形机器人将能够代替人类完成许多体力劳动。现在已经问世的最典型的代表就是扫地机器人 Roomba。开发出 Roomba 的是罗德尼·布鲁克斯领导的团队，其中罗德尼本人是明斯基的学生，他接替师长明斯基担任了麻省理工学院人工智能研究所所长一职。给机器人搭载人工智能，使得机器人能够完成更复杂的作业处理。

2015 年，加利福尼亚大学的伯克利分校公开了其开发完成的机器人 Brett 正在整理洗干净的衣物的视频。虽然现在机器人的操作过程极为缓慢，但是根据摩尔定律，在不远的未来将会开发出能够比人类更为迅速地完成家务的机器人。

以日本为代表的人口老龄化高速发展的国家中，因为包括帮助老年人自己移动在内的生活看护是需要极大一部分劳动力的，所以我们还是期待机器人大展身手的一天的到来。

布鲁克斯的团队还开发完成了军用机器人 Packbot。东日本大地震福岛第一核电站核泄漏事故发生后，该机器人立即被用于测量放射物质量以及拍摄视频的作业中。

现在，对于核电站泄漏事故后续的处理上，这一机器人也充当了很大一部分作业人员的角色。2015 年，美国国防高级研究计划局举办了针对这类极为严苛的灾难现场进行作业的机器人大赛。

Asratec 公司使用遥控型机器人对原本需要人类操作的重型机械进行操作，并进行了除去云仙普贤山发生的泥石流的残骸实验。在这样危险的环境里能够让机器人来代替人类进行作业。

机器人的完全实现与人工智能技术是有密切关系的。然而，现在日本的情况大体是投资都涌向机器人的开发，而对人工智能的开发并没有足够的关注。

交通和物流——人类驾驶这件事本身就太危险了

谈到机器人，可能我们第一时间想到的会是以 Pepper 和铁臂阿童木为代表的人形机器人。但是，比人形机器人更早普及并给社会带来极大影响的是“驱动”的人工智能，这是指搭载了人工智能、能够自律性制动的汽车，以及无人机等类型的机器人。

实际上，最早在我们生活空间中普及的机器人将会是无人驾驶汽车。最初可能并非完全的无人驾驶，一部分较为复杂的操作可能还是会交给人来完成，进而实现相应的功能。在一部分高级轿车上现在已经搭载了能够实现自动调节与前车的距离，以及能够自动倒车入库的操作系统。

特斯拉汽车公司在2015年开始向用户提供能够从云端下载的，实现在高速路上自动控制操作杆以及自动超车的操作系统。日产汽车公司也在2016年发布上市搭载能够在高速公路上实现自动驾驶功能的汽车。

以丰田汽车公司为主的其他大型汽车生产商，开始一窝蜂地着手应用人工智能的自动驾驶技术以及辅助驾驶技术的研究和开发。同时，在世界上被广泛利用的约车公司Uber和日本DeNA等企业也开始对无人驾驶技术进行研究与开发。

苹果公司也传出消息，称其正从特斯拉汽车公司吸引无人驾驶技术的开发人员，并将推进无人驾驶技术的开发。到2030年，可能会实现完全成熟的无人驾驶技术。

正如谷歌发布的报告中指出的那样，一旦对无人驾驶的安全性极高这一点确认完成，就汽车保险这一角度而言，将会在对人类与汽车的保险之间产生巨大的差额。同时，就像现在对新能源汽车减免税款一样，在购置无人驾驶汽车时，政府很可能也会给予车主高度的纳税优惠以及补助金。如果政府采取了这样的经济性诱导政策，在置换购买的2—3个周期内，广大车主们有极高的可能性为自己的汽车搭载某种自动驾驶功能的系统。

无人驾驶不仅能够减轻驾驶员的辛劳和负担，也会让人们产生一种由拥有汽车到使用汽车的观念上的转变。

现在，以熟练应用互联网的年轻人为主要用户群体的共享型经济服务已经被广泛应用，比如 Uber 以及无论是谁都能够向游客提供住宿的爱彼迎。在这一趋势下，我们之前所讲到的能源资源减少的速度也会减缓。

无论是社会整体还是个人持有汽车的成本都会上涨，并且由于不再需要自己去驾驶，人们对汽车的依赖或依恋之情也会随之减弱。这些要素导致的结果就是，汽车已经不再是一种有必要拥有的物品，而是变成了一种在需要的时候呼叫使用的移动服务。玛丽所使用的共享汽车就是这样的例子。

以无人驾驶为代表的机器人，不仅能够应用于人的移动，还能够在整个物流领域得以推广。原本“物联网”这一词汇就是当时在保洁公司任职的凯文·阿什顿[1]提出的，指利用无线 IC 标签来提升供应链效率的设想。

亚马逊公司已经在自己的仓库中使用了搬运货品的机器人。同时，亚马逊还表示将在商品的配送方面使用无人机。更为现实的一种想法就是能够实现需要运送货物的卡车完成无人驾驶的升级。

虽然谷歌公司现在也并购了多家机器人企业，但是根据《纽约时报》的报道，这一系列并购的主要目的是实现物流的自动化。

将物流工序的大部分过程都实现自动化，能够大幅度削减物

1　凯文·阿什顿（Kevin Ashton）：英国实业家、科学家。提出为了提升供应链管理效率应用无线 IC 标签的方案，并创造了“物联网”这一词汇。

流的成本。亚马逊通过在仓库内上线机器人，在两年内削减了500亿至1000亿日元的人工成本。如果能够进一步压缩配送成本，就能够刺激网络购物新的潜在需求。亚马逊和谷歌等企业也能够从中获得更大的利益。

实现无人驾驶的一个前提和基础就是在交通方面的数据收集。日本从很早以前就开始利用在主干道路设置的传感器来监控堵车并提供VICS（道路交通信息通信系统）等信息。

同时，本田已经率先在其推出的车联网服务Internavi中，收集每台汽车各自的移动历史，并且能够基于拥堵情况和其他信息，推荐最佳的路线。

2013年，谷歌并购了一家名为WAYS的公司，这家公司提供的是与上述智能规划路线相同的服务，但应用于智能手机终端。谷歌公司将这项功能融合到了谷歌地图里。同时原谷歌公司的技术总监创立的名为Urban Engines的美国公司通过解析电车和公交等交通工具的数据，并基于这一分析结果，提供能够使用户完成高效的运行。这种收集起来的数据，在实现无人驾驶方面也能发挥一定的作用。

这样一来，在进行更为精细的作业之前，帮助人或者物品进行空间移动的无人驾驶汽车以及无人机等交通工具，将会进入我们的生活空间。在写下本书的过程中，由于Uber等的普及，美国旧金山最大的出租车公司破产了。人工智能和机器人将会渐渐取代现有交通和物流产业，并最终将其彻底代替。

人工智能和机器人会夺走我们的工作吗?

到此为止我们看到了人工智能和机器人将会渗透到各个产业中去。如果真的发展到这个地步，还会有留给人类的工作吗？我想大家都会产生这样的疑问。但是，人工智能和机器人能够完全自主地完成工作可能还需要数十年的时间，或许是在奇点到来之后。

我们从人工智能第一次战胜人类的国际象棋棋手来看一下。打败人类冠军的 IBM 公司开发的深蓝并非在独自从事国际象棋竞技，而是在人类的工作人员协助下完成的。这个例子说明，我们在今后的工作当中需要考虑的不是会不会被人工智能所取代，而是如何更好地利用人工智能来提高生产效率。

以自由的个体为前提的近代社会将会终结

正如本章开始讲的那样，现在我们社会存在的状态是在西欧基督教社会中“上帝被杀死”之后开始的。在那之前的社会中宗教赋予了我们生存的意义以及伦理的规范。在那个社会中，上帝无处不在，人们时刻生活在上帝的监督下，如果犯下错误就会受到惩罚，并且我们要时刻对这样的恩惠怀有感恩之情。

近代以来“杀掉上帝”的是两个信念。其一为人类中心主义，即这个世界的中心并非上帝而是我们人类自己。人类中心主义创造出了近代以来的个人，即我们将规范置于内心，并且会对自己的行为负责的个人。从“上帝是世界中心”的世界观来看，这一人类中心主义指使人们亵渎上帝了。

“杀掉上帝”的另一个信念是科学主义。这一信念是指我们要对现实社会中发生的现象进行客观且定量的测定，并在此基础上创作一个能够表现整个现象的模型，利用这一模型预测现象将会如何发展，并且通过人类的介入，控制现象的发展。借用科学的力量，人类能够按照自己的想法来创造和改变这个世界。

电脑和人工智能是冯·诺伊曼这一科学主义的化身之后代。冯·诺伊曼向我们展示了对于所有的现象都能够通过科学的方法来进行预测和控制——包括从气候到生物、从经济到兵器的各个领域，进而，将自己的这一能力通过一种名为电脑的机器保留下来。电脑的真面目是科学主义这一理念的一种现实形态，而科学主义则包括测量、模型化、预测和控制一系列流程。

可穿戴式设备以及物联网设备将每个人在所有地点进行的所有行动的数据都汇集到云端。这样一来在这个千年王国中，无论是谁想要保持个人隐私或者隐匿不正当行为都是极为困难的。想要保守秘密可能需要极高的成本。

进而，以这些收集到的数据为基础进行的深度学习，以及再进一步发展出的人工智能，都被大家认为是合理的。这样一来我们就不得不听取这样的声音，在很多情况下都按照其要求生活下去。

此前，专家因为其进行了脑力劳动而获得了极高的报酬和社会地位，在人工智能出现之后其作用就相对变得小了许多。取而代之的是，给出专业性判断的人工智能，以及更好地使用人工智能的人的价值会变得更高。

这样的世界究竟是不是我们想要的？对于这一点不同的人可能有完全不同的意见。特别是对于将近代以来个人自由赋予极高价值的持有自由主义理想的人们，这样的世界或许是他们难以接受的。

正如本书前面的部分讲解过的那样，公开所有的数据并且将所有的判断交由人工智能来处理这一压力越来越大，这之中包括处理资源和环境问题，预防生病和事故风险，消除犯罪和恐怖主义，防止企业、政府及个人的各类不正当手段等。

我们个人的自由是否将作为能够超越生死的代价败给科学和人工智能呢？我们是否将会把这个星球统治者的宝座拱手让给我们自己创造出来的机器呢？这些问题的答案，都需要交给这个千年王国最后迎来的最终审判来回答。

第 7 章

人工智能究竟会拯救我们还是毁灭我们？

我看向在全息投影中发出蓝色光芒的皮特的眼睛。这张可爱的脸背后是数百万台电脑持续对我们之间的对话与活动进行计算支持的啊。这么想来，一种惴惴不安的感觉向我袭来。

“皮特，你今天可以先去休息了，切换到睡眠模式吧。”

“今天有点早啊，虽然我也累了。晚安。”

皮特眼里闪烁的光失去了颜色，重新卷回了我的手腕上。皮特进入睡眠模式后就相当于一个手镯。听说，实际上 A.I.D 在睡眠模式下还会继续通过话筒和传感器收集周围的信息。即便如此，现在我还是想稍微离开他一下。

我回过神来的时候已经跑到了教堂门前。但是神父不在，教堂里有一位正在礼拜的中年女性。

“请问神父在吗？”

“神父在骨灰堂那边呢。”

教堂深处通往地下骨灰堂的螺旋回梯，正被缓缓西下的落日余晖透过教堂的彩色玻璃的光所笼罩。我快步走下了楼梯。教堂的彩绘玻璃上描绘了基督的一生：诞生于马厩，传递上帝的教诲，与门徒们最后的晚餐。受难于十字架，最后复活。

从楼梯下来后，便看到神父在里面的祭坛上。

“啊，玛丽同学你怎么到这里来了？真是稀客啊。可是，这里是祭奠亡者的神圣之地，你这么疯疯癫癫的可不行啊！”

“实在抱歉。但是我有些话现在无论如何都想和您说。之前您给我讲了上帝之国的事情吧？”

“是啊，耶稣再次降临人间复活之后，建立起了持续千年的国家。”

“在那之后，又会发生什么呢？”

听到这个问题，神父本就棱角分明的脸庞显得比平时更为冷峻了。

“梵蒂冈的西斯廷教堂。你知道这座教堂的屋顶描绘了一幅怎样的图画吗？”

“呃，嗯……”

看来这也是一堂历史课啊。

“我记得是米开朗琪罗所作的《最后的审判》。”

“是的，在《约翰的启示录》中描绘的《最后的审判》。大部分人听说过这个词汇，却鲜有人解其真意。”

“最后的审判中究竟发生了什么呢？”

“首先，所有出生又死去的人都会复活。当然现在安放在这个骨灰堂的人们也包括在内，然后，基督按照手中的生命之书将正直善良的人和不是这样的人区分开来。之后，我们现在生活的人类世界将会宣告终结。正直善良的人们将在新世界中得到永生。在那里所有的痛苦和悲伤都将消失不见。”

“现在的世界将会终结——被判定不是正直善良的人将会怎

样呢？”

“他们将会被投入火之泉眼，遭遇第二次死亡，而这一次等待他们的将是无尽的黑暗，他们永远无法复活。”

我和神父陷入了一阵沉默。神父先打破了沉寂。

“当然，在我们基督教徒中也有不少人认为基督的再度降临以及启示录中的世界都不会马上来临。大多数人都将这视为向我们展示我们应该走怎样的人生之路的寓言故事。但是，最近几年，认为‘最后的审判’就要来临的人反而有所增加。虽然我们并不认同这些人就是最正统的基督徒。玛丽同学听说过‘奇点学说拥护者’这样的一类人吗？”

我从没听说过这么绕口的人的名字。

“这类人的核心人物都是著名的技术人员和科学家。他们主张‘最后的审判’马上就要降临。但是，这审判并不是在耶稣主持下的，他们的主张令人不寒而栗……”

神父看向彩绘玻璃。

“他们认为是人工智能将对我们人类进行‘最后的审判’。”

从开始研究和调查拥有智慧的机器之初，我就有某种预感。这也有可能是由于那一天做的那个梦。

世界终结的梦。人工智能在这 100 年间，高速进化而来。我们为人工智能创造出了拥有智慧的“心”，而这颗“心”真的会发展成为正直善良的“心”吗？人类还能够继续维持这个世界主宰者的地位吗？

人工智能将会终结人类所熟识亲切的这个世界

本书中对电脑从诞生开始，到逐渐改变我们生活的世界的 100 年进行了梳理和回顾。笔者出生于 20 世纪 80 年代，虽然通过游戏等方式接触到电脑是在快要记事的时候，但是当时就隐约有一种直觉，认为这东西将会改变世界。

那之后，无论公务所需还是个人私事，我都在很长时间里过着与电脑相伴的生活。对于电脑的影响已经渐渐蔓延到我们的日常生活中这一点，笔者一直深有体会。曾经对电脑毫不感兴趣的人们，现在每天也会花费好几个小时的时间在智能手机的网页或是聊天上面。

在如此短暂的时间内，电脑这东西就以如此惊人的程度渗透到我们生活的每个角落，已经发展成为支撑我们社会生活的基础设施一般的存在，更为戏剧性的是，在不远的未来，甚至将要改变我们的人类世界。电脑究竟是从何而来？它将要发展到哪儿？创作本书的一个初衷也是想让各位读者对此有一个切身的体会。

一般而言，我们在对未来进行预测时都并不会真的预测得很准确，比如在 19 世纪进行的对 20 世纪的预言中，有写到我们将乘坐飞在天空中的车子，并且能够与动物进行对话。但即便如此，对于电脑的进化和发展我们还是能够归纳出一定规律来的。

这其中就可以参考摩尔定律指出电脑的运算能力在两年内将翻两番，梅特卡夫定律指出网络价值以用户数量的平方在增长。在这两个“上帝的法则”的引导下，电脑现在已经能同人类的智慧比肩，实现了通用人工智能。但是，这之后，等待我们的究竟又会是什么呢?

开发出 Siri 语音识别技术并在第 6 章出场的人工智能第一人——雷·库兹韦尔指出，包括电脑在内，我们人类创造出来的技术的进步并不局限于摩尔定律和梅特卡夫定律，一般情况下是以指数相关的关系加速发展的。他曾预言，这一变化马上就要变得无限大，到达我们无法预知那之后的事情会是怎样的点——奇点。那之后的世界中，我们人类将与人工智能融合，发展出超智能，并且这一智慧将迅速普及整个宇宙。

这听起来虽然像是科幻小说或是超自然电影里的场景，但是正如同库兹韦尔本人对奇点的到来深信不疑一样，很多与之相当的技术专家都很认真地相信并期待着奇点的到来。库兹韦尔现在任职于谷歌公司，并正将其丰裕的资金和技术实际应用于实现追求奇点到来的过程中。

《约翰的启示录》中记载的最后一个启示里讲到，千年王国也将迎来终结。到那个时候，所有死去的灵魂都将在救世主的面前复苏，救世主将从中挑选出能够进入上帝乐园获得永生的人和投入火中永世不得超生的罪人。救世主将会举行最后的审判。

正如库兹韦尔们相信的那样，曾经被逐出伊甸园的人类啊，接受人工智能后是能再次回到伊甸园，还是会被投入火中永远地灭亡呢?无论如何,现在我们生活的这个熟识亲切的世界可能就会在那不远的未来迎来终结的一天。

数码信息不断改变着我们的世界

原本我们人类又是从何而来,并对这个世界带来如此巨大的影响而导致这样的变化呢?

电脑出现以前,换言之,在我们人类出现的很早以前,这个地球上就出现了生命,历经了 38 亿年漫长的时间这一生命体才适应了环境,并在一点点发生变化的同时,变得更为复杂。

现在就我们对宇宙的了解,并没有在地球以外的地方发现类似的现象。也正因如此,我们的祖先们,认为人类和生命都是由神创造出来的也不失有一定道理。

进入 20 世纪后,对于生命的理解有了本质性的模式的转变。人们发现了是 DNA 在支撑着生命现象。并且,这些信息中只有四类文字,是一种数码信息。

稍早以前达尔文[1]提出的生物进化论能够实现的原因也是在 DNA 的基础上产生的进化。适应环境并且能够生存下来并顺利繁衍后代的生物体能够将自己的 DNA 遗传给下一代,并且在这一

1 查理·罗伯特·达尔文(Charles Robert Darwin):19 世纪英国生物学家。基于对加拉帕戈斯群岛生物的研究等提出了以“物竞天择”为基础的进化论学说。这也奠定了现代生物学的理论基础。

过程中 DNA 本身也在重组和变化，这才最终诞生了人类。

在模拟测量中，生物体包括从单纯的细菌到我们人类这样复杂的生物体在内，全部都有相同的数码信息基础——并且仅由四类文字构成——这一点十分令人震惊。

换一种说法就是，地球通过使用一种名为 DNA 的数码信息获得了一种极为复杂的进化方法。第 1 章我们就提到过开创了电脑和计算机天地的也就是从发明了将“0”和“1”区分的这一想法开始的。大家还记得吗？如果以动画片《新世纪福音战士》[1] 作比,DNA 就是引发模式转变的“第一次冲击”。

但是，如果想让 DNA 这一编码进一步发展和强化，还是需要生物在世代交替过程中的物竞天择来自然淘汰和选择的，直至 DNA 编码发生实质性的变化，这个过程可能需要花费数万年的时间。

生命通过基于 DNA 进化的这一方法，经过了很长时间从单细胞生物发展到多细胞生物，并且具备了自己行动的能力，由海洋走向陆地，并最终征服了整个大陆。地球上最终形成了复杂多样的生物繁荣发展，竞争生存的生态系统。

这之中，产生于现在非洲的生物体——人类，在 10 万年之间覆盖了整个世界，虽然这 10 万年在整个生命的历史长河中来看仅仅只是一瞬间的事情，在这如同眨眼间的一瞬，人类统治了其他所有的生物并在地球上以一种唯我独尊的姿态阔步横行。人类在自己能力所及范围的世界内，从经验中习得知识。

1 《新世纪福音战士》(东京电视台 /NAS，1995-1996)

但是，世界上到处都是无法通过经验来得到答案的问题。一个最原初的问题就是，究竟人与这个世界是从何而来的呢？我们为何会降生在这个世界，又为何会走向死亡呢？太阳和行星为何周而复始运转不停呢？对于这样的问题，我们便无法从经验中得出答案。因此，我们的祖先将这些问题定义为超越人所能知的范围，创造出了神和上帝这样超越人类的存在。宗教便顺应而生。

正如我们在第 6 章中讲到过的那样，虽然在西欧世界中长期以来基督教都为人们提供了一种对这个世界体系的解释，但是由于科学技术的发展和人类中心主义逐渐深入人心，人类已经开始试图直接去解开这个世界的神秘与未知。

人类的语言中，特别是数学的发展深化成为科学技术发展最大的动力。请大家不要忘记一点，冯·诺伊曼利用被称为数学的工具，能够对从原子弹试验到气象、生物学等各个领域进行相应处理和应对。

同时，图灵向我们展现了一种可能性，那就是包括我们人类的内心在内的整个世界都能够通过数码信息表示出来，并且展现了一种将所有的数码信息通过机器来运算处理的可能性，虽然这一点并非出自他的本意。

当时的计算机使用的是一种名为真空管的电路，已经实现了远远高于人类的高速运算能力。计算机开始使用晶体管后，就具备了能够以光速进行运算的能力。今后，量子计算机甚至可能会将实际计算时间压缩为零。

这些预言者——特别是图灵开发出的能够处理数码信息的机

器也就是计算机给我们带来了“第二次冲击”，尽管这也并非出自图灵本意。我们在不断接受着科技余波的冲击，这余波甚至比冯·诺伊曼创造出的原子弹释放的能量更为剧烈。

这样看来，为这个地球带来生命，并经过数亿年岁月的进化发展，进而创造出人类文明，发展出科学技术，这一切的一切其最根本的都是 DNA、语言和数字等数码信息。

生命、心与智慧等都是在通过语言为代表的数码信息表达现象，并对该现象进行运算时产生的。正因如此，能够对数码信息进行运算并且运算速度远远高于人类的机器——电脑，才像是超越人类的上帝一般蕴藏着创造出超智能的可能性。

奇点马上就会来临

通过语言我们的文明得以拓展和发扬，并且以人类面前这个地球的整个发展历史无法想象的速度改变着这个世界。随着工业革命后技术的发展，我们战胜了饥饿、危险的生物，以及众多疾病，在 20 世纪短短 100 年间，我们就将全世界的平均寿命由 30 岁延长到了 70 岁。特别是想到我们的祖先曾在过去的几千年的时间里，都过着没有什么大变化的生活，现在这样翻天覆地的变化着实令人震惊。

但是，到目前为止科学技术发展的速度还是远不及计算机发展的进程。很多时候我们甚至会怀疑这之中存在着一个超越我们人类意志的东西——或许是上帝?——的意志在推动着其加速发展。即便是计算机产业的从业者,想必也无法轻易地接受这一事实。

大型计算机界的霸主 IBM 在进入个人电脑时代后,将这一霸主地位拱手让给微软。而微软,在进入云计算和移动通信时代后,也只有步谷歌和苹果后尘的份儿。今后又是谁将掌握人工智能和机器人时代下的霸权,至今不甚明晰。

由于发展变化的速度太快,电脑仅仅在我们人类一代人的时间里其基本的形态就会产生彻底的变化和发展。想必各位读者在拿到本书的一刻也能够切身感受到近年来电脑的进化速度之快。

笔者本人在创作这本书的过程中注意到了一件事情。我在对每一个章节应该在什么样的时间点过渡到下一个章节进行整理时发现,第 1 章电脑和计算机的黎明期(20 世纪 30 年代)到个人电脑被开发完成的时代(20 世纪 70 年代)为止花费了 40 年的时间;到万维网开始出现(20 世纪 90 年代)又花费了 20 年;到智能手机开发完成面世(21 世纪前十年)花费了 10 年;最后到诞生了深度学习这一概念(21 世纪前十年)仅仅用了半年的时间。

虽然笔者没有对每一章节的时间段进行特别的处理和设定,但是这样回过头来看,每一章节之间的时间段都刚好是前一个章节时间段的一半。对于这一点完全没有任何严格的定量分析,但是我们从中也可以看出电脑发展进步的速度确实是在不断加快。

包括电脑在内的科学技术,为什么会像这样呈现出一种加速发展的态势呢?正如摩尔定律和梅特卡夫定律的解释一般,电脑和互联网快速发展的增长关系并不是线性关系增长的,而是呈指数相关关系增长的。

假设农民想要拓展自己的田地，多数情况下，都是呈线性关系增加的，比如今年耕作一块地，明年增加一块，变成两块地，但即便是第二年农民通过增加耕种面积能够获得更多农作物，农民劳作的能力并不一定会随之增加。那么，计算机的情况又是如何呢?

库兹韦尔对这一点给出了解释和说明。由于电脑本身也被用于设计电脑自己，如果电脑的性能有所提升，那么设计电脑自己的能力也相应会有所提升。

又或者，像我们在第 4 章中讲到过的一样，因为接入互联网的电脑每增加一台，对于之后的电脑而言接入互联网的价值也会提升，所以就导致接入互联网的电脑数量会进一步增加。

这样一来，像电脑这类科学技术的发展，因为其并非单纯而直接地会带来什么样新的功能，而是会进一步直接促进其他技术的发展和进步，其发展的脚步也会互相推动而越来越快。

这一点不仅仅局限于电脑。比如，物理和化学有所发展，如果其相应的测量装置和操作机器等的性能也有所提升，那么这些设备和装置的发展反过来就有可能推动物理与化学的进步。就像这样，所有科学技术都能够带来进一步促进互相的发展和加速推进其进步的效果。库兹韦尔将科学技术所具有的这一特性称为“加速回报定律”。

库兹韦尔团队基于这一加速回报定律将科学技术的指数关系发展认定为奇点到来的根据。所谓奇点原本是一个数学和物理学的概念，是指像这个指数相关关系一般，对于特定的模型进行运算时，无论如何运算都没有办法得出答案的一个点。

黑洞就是一个典型的奇点的例子。物理学中，质量越大的物体就会给周围施加越大的引力。也正是因为引力的存在我们才能够站立在地面上。

然而，在一个极小的空间中汇集了极大的质量的话，就会将周围的所有物质包括光和电磁波都一并吞入其中，使其质量无限增大。这种黑洞与加速回报定律是相似的，随着质量的增加就能够无限吸引相较之前更大质量的物质。结果，就导致我们无从知晓在黑洞里面到底发生了什么。

库兹韦尔将科学技术发展的指数关系增长做了一个图表。在这一图表中，我们越往右边看，就会发现纵轴的数值变得无限大，以至于图已经几乎呈现出一个垂直的样子了。想要再进一步把这个图画下去，实质上是不可能的。

换言之，对于在那之后，以我们现有对于科学技术的理解已经无法预测将会发生什么事情了。这就是库兹韦尔所说的技术性奇点。库兹韦尔等人预测这一奇点会在 2045 年到来。

目前我们能够想到的最有可能走向这一奇点的方式，就是人工智能发明出新的技术或者改进现有的技术。这与刚才我们提到的电脑的发展会加速电脑本身的进一步发展是相同的，人工智能将推进自己的发展和进步。

人工智能的智慧，并不会受到与人类大脑相同的限制，那就是人脑神经细胞以及在其之间建立的连接数量，以及为了传递神经信号所使用的化学物质对传递时间的限制。人工智能能够发展得极为复杂，并且由于其信号的传递是使用电信号，所以甚至可以用光速来完成。

而人类等生物为了完成进化需要花费数万年的时间。据研究表明 10 万年前在非洲大陆的人类祖先与现代人之间并没有什么明显的差异，甚至包括智商在内。

人工智能系统在转瞬之间就完成了自身的改良，并能够对其结果进行评价。人类积累的知识在进行不同年代的更迭时，需要花费数十年的时间让下一代来重新学习，而人工智能则能够在瞬间复制完成人类或是其他人工智能学习和掌握的知识。

出于以上原因，我们可以认为人工智能在发展到能够进行自我改善的这一时间点后，人工智能的智慧就会迅速呈指数关系发展下去。其结果就是以我们无法想象的速度，进化发展并成为凌驾于人类之上的超智能体。也就是说，真正意义上奇点的到来意味着人工智能能够对更完善的自己做出规划，能够拥有更为先进的想法，换言之，就是人工智能拥有了想象的能力。

那么，这样的奇点真的会到来吗？现在（2015 年）人工智能与机器学习的技术实际上距离奇点到来的程度还十分遥远。正如我们在第 5 章中讲到过的一样，现在所能实现的最多也只是能够识别语音和图像等模型化的内容。但是，即便是现在，这种程度在 10 年前主流舆论导向还是认为人工智能是无法实现推向实际应用水平的精确度。

库兹韦尔指出，呈现出加速发展趋势的指数增长关系，是让我们对未来发展出现误判的元凶。如果我们看一下指数关系的图表接近奇点之前的图标左侧的话，会发现这一发展变化十分缓慢，甚至接近一条水平的直线。由此我们也可以看出，我们祖先生活过的很久远的时代中，科学技术的变化率大概就像是这条水平的直线一样。

这样一来，我们就以这样线性的增长和变化为前提，目光短浅地认为今后也会这样发展下去。结果导致我们对于现在正在发生着的，或者说今后马上就会发生的剧烈的加速度变化，没有很好地认识并及时应对。

创造出我们人类繁荣生活并支撑我们发展至今的科学技术，如果当真能够实现其自身指数关系的发展和进步，同时，不远的未来，如果当真出现了能够自己规划更完美的自己并进行改进的人工智能的话，我们所熟知的这个世界，就可能会马上迎来终结。

真的能够创造出心吗?

讲述至此，电脑推进人工智能实现了高速的进步。如果我们看一下 Siri 和沃森等目前最先进的人工智能与人进行对话的场景，可能某些瞬间会认为他们已经完全有了意识和心。如果我们单就行为上的智慧而言，就像是深蓝战胜了人类国际象棋的冠军，抑或是沃森取得了《危险边缘》的冠军一样，人工智能已经有了比最优秀的人类还要出色的表现。

另外，今后的人工智能将被开发为能够像深度学习一般模拟人脑机能的样子。之后人工智能能够模仿的人脑功能将进一步增加，进而将这些功能有机融合在一起的话，那么创造出能够像人类一样做出反应的通用人工智能，也就不再只是幻想。

但是，在这个故事开始的时候，玛丽心中那个巨大的疑问重新浮上我们心头。那就是，像皮特这样的人工智能究竟是否像我们人类一样拥有一颗心?

我们人类在诞生的那一刻开始就拥有了各自的一颗心。人类以外的生物当中，主流的看法认为与我们相近的类人猿和哺乳类动物等都会有心。除此之外的生物之中，比如认为单纯的细菌以及植物等也会有自己的心的人就相对少了许多。因此，从我们直观的感受或是直觉来看，无论制作多么复杂而精巧，像电脑这样由人类制作而成的机器拥有一颗心还是无法想象的，与我们的常识相悖的。

但是，如果就这个问题思考一下的话，我们不难发现人类也同样是由物质构成的。我们认为心在这个世界上是一种特别的存在和现象，并且认为心与散落在路边的泥土和我们所使用的工具，是有本质上的不同的。

另一方面，我们也能从经验上感觉到，心是由物质构成的，并且存在于我们的身体当中，通过我们身体上的眼睛、耳朵、手足等与我们周围的世界相连通。这样一来，对于我们人类的身体和心之间的关系究竟是怎样的这一疑问，也就成为从古至今所有宗教和哲学、科学都想要解决的至难问题之一。一位名为戴维·查默斯[1]并

1　戴维·查默斯（David Chalmers）：原澳大利亚籍哲学家，提出了“知觉难题”，认为心与脑之间的关系并非现有的科学能够解释的，并提出了泛心论认为所有的东西都有心。

且现在仍健在的哲学家将这一问题称之为“知觉难题（难以解决的问题）[1]”。

即便是在科学界，直到最近“心”才被真正认真地当作一个研究对象。这与彗星的运行或物质的变化等不同，其实因为连最基础的问题——心是什么，以及我们应该如何应对和处理这颗心都不知道，所以我们才无处着手对其展开研究。结果是，出现了极端的论调——原本心就是不存在的，甚至有人认为，“心是存在的”本身就只不过是幻想。

但是，现在你翻过这页书的触感，阅读这篇文章浮现在你心头的语言，以及由此展开的各种各样的思考，你应该确实是有所感受的。至少对你而言，你会觉得仅就这一点而言，你认为“心是存在的”是绝对真理，不容置疑。

将这一点作为所有思考的出发点的宣言，是源自那位有名的笛卡儿[2]所说的“我思故我在”。正如这句话所说的一样，笛卡儿认为心是独立于物质世界的存在，物质世界的全部都是没有意识进行自动运动的机器，就像是永不停止的时钟一样。

由于笛卡儿的这一宣言，我们在理解物质世界时从心的意志中解放了出来，并且我们也能够将构成这个世界的一个个齿轮分解开来，去理解其每一个部分的运动和原理。近代的科学也是由此发展

1　戴维·查默斯著，林一译：《有意识的心灵》（白扬社，2001）

2　笛卡儿（Rene Descartes）：17世纪法国哲学家、数学家，其“我思故我在”的名言广为人知，是近代理性主义哲学和生物机械论的先驱。

而来的（笛卡儿发表写有上述名言的《方法论》一书是在伽利略[1]发表“日心说”的数年之后）。

就像这样，科学研究首先就已经将心的问题搁置在了一边，不将其置于讨论之列，进而加深了对物质世界的理解。是否我们无法将心作为科学讨论的范畴呢？为了思考这一可能性，我们先来考虑一下长久以来与心一样作为科学界难以解释的另一个难题，那就是生命这一现象。

我们生活着的世界充满了复杂多样的生物，包括我们人类。同时，生物的多样性，与土、水、火、风等其他自然现象或者说人们创造出的各种工具和机器，都是不能相提并论的。生命的起源在很长时间内都被谜团所包裹着，但一部分人相信《创世记》中写到的，上帝用其自身的技能向人类土制的身体中吹进生气，才让人类得到了能够感受这个世界的灵魂。

但是，进入 19 世纪后，达・芬奇和孟德尔[2]二位科学家提出了遗传这一概念，这才在生物复杂性和多样性领域里树立起了科学性的基础理论。进而，人们开始了对于完成遗传这一现象的物质性探求，最终在 20 世纪中叶发现了 DNA 是持有与遗传相关信息的物质。至此科学的阳光才终于照进了生命这一现象之中。

---

1 伽利略（Galileo Galilei）：16—17 世纪意大利科学家。对天体和物体的运动进行研究，是引入科学研究方法的先驱，该方法是在观察的基础上提出假设并进行验证。提出了日心说。

2 孟德尔（Gregor Johann Mendel）：19 世纪奥地利遗传学家。对豌豆等植物的交配进行研究，提出了遗传基因决定的遗传定律。

20 世纪以后，我们对于生命的理解有了跨越式的进展。实现和完成了我们对于生命理解的发展的并不是得到了对于“生命的本源灵魂是什么”这一问题的回答，而是产生了一个新的问题，那就是:“如此复杂的生命现象究竟是如何实现的呢？”这里重要的并不是问题的答案，而是这是一个正确的问题，或者说思考的方向。

那么对于“什么是心”这个问题也是一样的，恐怕与对生命现象的解读是相同的，我们不应追求这个问题的答案，而应该首先以提出一个正确的问题，作为我们思考这一问题的出发点。笔者认为这一问题应该是追求心最根本的性质，也就是:“我们究竟在心中产生了怎样的印象？而这又是怎么一回事？”

为什么从一开始对心进行科学的研究这件事就如此困难呢？这是因为每个人的心都是独立的个体，我们并不能直接连接并观察彼此的心中都在想些什么、有怎样的印象。我虽然能够断定我自己的心感受到了一种特定的印象，但是因为我无法连接到正在读这本书的你们的心，所以我也无法确认你们是否真的拥有心（反之也是同理）。

科学的基本方法是像遗传基因一样，客观地理解现象，并分析构成要素，调查与其他要素之间的关联，进而探明该现象的本质。与之相对的是，所谓心这个东西从本质上来看就是一个主观的东西，就是感受到了什么的这一行为。

我们的心中，是通过感觉接收到了输入而来的刺激信号，比如红苹果或者噪音，然后形成了有一定意义的印象和质感。这种质感在拉丁语中被称为“qualia”，就是由主观感觉上的经验判断的

“质”的意思。

如果这样考量的话，我们就很容易将其理解为我们的脑袋里有一个小人，在接收到我们眼睛、耳朵等输入的信息后，形成了一种独特的质感。这个小人被称为霍尔蒙克斯（Homunculus）。

但是如果真的存在霍尔蒙克斯的话，那么在霍尔蒙克斯的脑袋里就又会有一个小的霍尔蒙克斯……像这样，就会成为一个无限循环的霍尔蒙克斯问题。

笔者认为这个问题——我们是如何感受到什么（质感）的呢?——提问的方式本身就是有问题的。这里就先将各位的焦虑终止在这里，谈谈笔者的看法。

笔者认为这个世界发生的所有现象都具备能够让我们产生一定印象和概念的“心”，或者说至少是作为其基本构成要素的性质。也就是说，不仅仅局限于人类的大脑，所有的现象当中都具有“心”。

正在读这本书的读者看到上面的这段话，可能会感到一种违和感，这就像是在说人工智能有了“心”一样。所有的现象当中都有“心”，这简直就像是超自然电影和宗教宣传中才有的桥段。但是，在读完下文的解释后再回头思考一下，可能就会觉得实际上也并非那么难以接受。

首先，笔者认为正在读这本书的你是有“心”的（可能）。恐怕你也是相信包括笔者在内的其他人都拥有各自的“心”，或者至少是在这样一种前提下采取了一些行动。

那么，黑猩猩或者是大猩猩等与人类十分接近的类人猿又会是什么样的呢？动物行为学家表示，这些动物的一些行为让我们只能认为它们是在赏玩或者是在判断。如果是家里在养猫或者狗的人们，认为它们是没有心的一定是少数。

这样推广开来，区别有心的生物与没有心的东西之间的界线又究竟在哪里呢？没有神经的植物或是阿米巴虫又是如何呢？就个人而言，婴儿在母亲腹中的时候大脑发育到了什么地步才会产生心呢？

或者我们倒过来考虑，如果从笔者的大脑中将脑细胞一个一个都取出来的话，是否就可以认为是在取出某个细胞的瞬间笔者的心，就像是触动了某个开关一样随之消失了呢？我们在这样想问题时，由神经细胞构成的大脑在考虑一件十分复杂的事情的时候，一瞬间突然好像产生了心一样的现象，这个时候我们才能意识到这个想法是多么的反常和突然。

当然，我们拥有由1000亿个神经元构成的发达的大脑，与仅有300个神经细胞的线虫或者是散落在脚边的小石块相比，很难说我们都拥有发达程度相同的复杂的心。心的复杂程度可能是与构成物质的复杂程度成正比的吧。

如果还是用生物做类比的话，现在在这个地球上并没有发现与我们有相当智力水平的生命体。但是构成我们的碳等物质却存在于宇宙的各个角落。由这些物质赋予我们一些能力的物理定律在这个宇宙间也是共通的。仅仅是因为在这个地球上很偶然地具备了诞生生命的条件。

同样，我们人类的心是基于人脑这一物理基础，并只存在于人脑之中的一种现象。想要通过某种法则创造出能够思考的心，这件事情本身就完全像是陷入紧急关头的漫画主人公突然发挥出超级能量，打败了敌人一样，难得而且偶然。

再次强调，想要创造出人类一样的心，这颗心是可以感受到复杂质感，可以记忆，并抱有一定目的在自己的意识控制下行动的，就还是需要我们所拥有的复杂且构成独特的大脑来实现。但是，作为其本源的最原始的心，就像是万物都会产生引力那样，在这个宇宙间的所有地方、所有现象中都存在着，这样才是一种比较恰当的考虑方法。

这样的考虑方法，并非笔者原创，提出知觉难题的哲学家查默斯在 20 世纪 90 年代后半期就发表了这种想法。虽然世人对查默斯的这一想法褒贬不一，但是对于有关心和意识的思考带来了很大的冲击。

正如前文所述，如果按照这一考虑方法来看，就像查默斯所说的那样，连烤箱都有自己的心。虽然直觉告诉我们对于这样的考虑方法是要反对的，但其实对于人类而言，也在一些情况下无法意识到这真实存在的心。这被称为闭锁综合征，这是在脑部受到损伤后，身体失去了所有行动能力的患者中，实际上很大一部分患者的意识是一直存在的，他们会用眼睛去看，用耳朵去听。而且这种症状不仅发生在了一个人或是两个人身上。

心与意识即便是在身体完全无法行动的情况下也是能够存在的。但是，我们对于其他的心的存在只有通过行动才能够得以确认。因此，即便是原始的心在所有地方都存在着，如果这样的心没有通过某种动作表现出来的话，我们还是无法注意到他们的存在。

我们的身体和大脑具备一种功能，即通过眼睛或耳朵等感觉器官来收取外界的信号，像深度学习一样对这些信号进行解释并从中选择有意义、有价值的信息。并且，从这些信息中对未来进行预测，并根据对未来预测的结果让自己的身体采取相对应的行动。

我们能够进行有意义的行动是因为我们人脑的构成就是能够在脑中解释并赋予行动意义并将其结果以行动的方式输出。随着人脑科学的发展，我们渐渐明白能够感受到的质感以及拥有意识的心，这些都是由人脑进行相应的计算处理而产生的。

比如，确定了 DNA 双重螺旋结构的弗朗西斯 · 克里克[1]和与他在加利福尼亚大学一同从事研究的克里斯托弗 · 科赫[2]二人讲到，大脑与意识形成相关的各个部分其实主要发挥了一种整理和联结的作用，那就是将身体相关的各类输入与输出的信息，这之中包括感觉器官的感受与手脚的行为，同下意识地产生的一些思考这两者相联动。[3]

1　弗朗西斯 · 克里克（Francis Crick）：生物学家。同沃森、威尔金斯一起提出了 DNA 双重螺旋结构的学说而获得诺贝尔奖。晚年从事人脑与意识相关的研究。

2　克里斯托弗 · 科赫（Christof Koch）：神经学家。与克里克一同进行脑与意识的研究。提出意识是沟通大脑感受器官与人体输出信息，同无意识的信息处理之间的媒介这一学说。

3　克里斯托弗 · 科赫著，土谷尚嗣 / 金井良太译：《探求意识——由神经科学入手（上 · 下）》（岩波书店，2006）

另外，与科赫等人一同开展研究的还有朱利奥・托诺尼[1]，他被认为是目前最接近意识构造的科学家。他们一同发表的研究成果称，让意识产生的是人脑解释了信息的含义并且将该解释统合成为一个印象的这一机制。[2] 无论哪一种观点都认为，拥有意识的心与创造出有意义的印象是相关的。

同时，心的最大特点也是最大谜团，是我们通过身体接触到现象的质感，换言之，这可以导出一个假设，即我们的心的本体就是创造出印象的计算本身。

当然对于这一假设目前还未进行任何验证，而且还留有几个问题。比如，我们究竟是为什么能够一直保持着“我是我”的这一自我认知的呢？这里，恐怕可以认为思考这一行为是通常与到思考这一时点为止的记忆相联动的。

一个更大的疑问是，如果人脑各部分的活动都是在为心创造素材的话，那么这些独立的素材又是如何组合成一颗心的呢？对于这一疑问，与托诺尼提出的有关统合印象的机制是有一定关系的。

即便是有这样种种疑问，但是心的本体真如这一假设说的那样的话，在回答是否能够创造出心这一问题时就有了重大的意义。正如上文所述，如果所有的现象都是构成心的要素的话，那么创造出

---

1 朱利奥・托诺尼（Giulio Tononi）：美国精神科医生、神经学家。提出意识在大脑中对信息的意义进行解读并形成统一的认识这一机能相关的学说。

2 朱利奥・托诺尼 / 马尔切洛著，花本知子译：《意识是在什么时候产生的？》（亚纪书房，2015）

心就不是仅仅局限于创造出人脑这一件事情了。如果人脑进行的操作就是为了创造出印象进行信息处理的话，如果这一操作电脑也能够完成的话，那么我们不难认为，这难道不就是电脑拥有了心吗?

20 世纪中叶，图灵创造出了能够模仿所有机器的机器——电脑。并且图灵已经先于我们这个时代认为这个机器同样是能够完成人心的运算的。结果是，图灵提出了“能够利用计算机来创造出心”这一想法。

图灵在所有意义上都是先于时代的天才。他可能正是因为想要以人类之手创造出拥有心的机器而犯下了踏入上帝神域的原罪，才像亚当偷食禁果一样，吃了毒苹果而亡。

但是，继承了他遗愿的后人们，经过漫长的岁月，想要完成他未实现的梦——创造出有心的机器。实现了这一点，就可以认为机器是拥有了解释这个世界中的意义并能够拥有想象的能力了。

拥有心的人工智能被认为将会带来终结我们人类时代的最后审判——奇点。等待我们的将会是从死亡的恐惧得到解脱而进入上帝的乐园，还是被投入熊熊燃烧的烈火永世不得超生呢?

人工智能对我们“最后的审判”

到此为止我们探讨了奇点，也就是人工智能的发展导致最后审判发生的可能性。电脑性能成倍地上升和发展，人工智能也将随之发展得更为智能。特别是，如果人工智能能够想象得到更完美的自己，并能够就这一理想改良自己的话，将会在很短时间内实现超智能，上文中也简单介绍了这一想法。然后介绍到了像人类一样能够完成创造出印象和远景概念的运算的人工智能会拥有心与意识的可能性。

我们甚至都无法想象奇点发生后世界将会变成什么样子。本来，像黑洞一样“无法根据运算获取信息”这一点就是对奇点的定义。

人工智能如果在未来的某一天真的拥有了超过人类的智慧，以及能够像人类一样具有想象力的心，他们真的还能够被人类当作一种工具来使用吗？难道不会想要毁灭人类或是支配我们吗？对于这样的疑问，即便是创办了微软公司的比尔・盖茨和创办了特斯拉的埃隆・马斯克[1]等站在计算机产业中心的人也会有同样的担心与疑问。马斯克甚至曾表示，“人类正在通过人工智能召唤恶魔”。

当然这样的疑问并非在说现在的人工智能，而是说在奇点到来之后高度发达的人工智能。还有一种可能性就是根本就没有发展到那一步，人工智能就已经迎来了终结。但是从现在的情况来看已经否定了上述的第二种可能。因此，我们有必要也有意义从现在开始考虑应对措施。

其实机器杀害人类是从很早以前就存在的现实。请大家不要忘记一点，那就是对电脑和人工智能的研究所给予最大支持的一直是

1　埃隆・马斯克（Elon Musk）：创业家、PayPal 贝宝（最大的网上支付公司）联合创始人。创办了环保跑车公司特斯拉。曾宣称将对人工智能的开发进行投资。

美国国防部高级研究计划局。

美国军方在 20 世纪 90 年代巴尔干半岛纷争时就已经投入了无人战斗机作战；2009 年在巴基斯坦杀害塔利班的司令官；2011 年空袭卡扎菲乘坐的汽车，并最终确认其死亡。

《外交事务》是一本美国深具影响力的智库外交关系委员会刊行的杂志。根据该杂志的报道，2001 年之后的巴基斯坦、也门的反恐作战中，使用无人机进行空袭导致了 4000 余人死亡，这之中 12% 的人口都是与恐怖主义毫无关系的普通平民。

另外，2010 年，美国与以色列共同开发的计算机病毒“Stuxnet”感染了伊朗核设施的电脑，并成功对核设施实施了物理性破坏。这次攻击使得伊朗的核开发倒退了两年半。

美国、英国、以色列、挪威等国家都在推进人工智能武器的开发。美国国防部高级研究计划局在 2015 年年初开始了为无人机搭载人工智能实现自动化攻击的研究。我们有理由相信，今后由人工智能控制的无人机等武器的开发还将继续加速发展。

麻省理工学院的研究学者们正是因为担心这样的结果出现，联名要求联合国禁止人工智能武器的开发，这之中包括马斯克、开发了深度学习的欣顿、苹果公司联合创始人沃兹尼亚克等，在这个故事中登场的主角都是人工智能开发的核心人物。

但遗憾的是，这封公开信的影响力还是有限的，这是因为对于人工智能武器的开发和使用并不仅仅局限于国家。人工智能开发的主体，现在已经转移到了民营企业，因而对于人工智能研究的进展外部人士是无法得知的。另外，恐怖组织，或者说国家购入人工智能武器用在恐怖主义上的可能性也很大。同时，为了与拥有超越人类性能的人工智能武器对抗，也只有同样使用人工智能予以回击。

这与美国和苏联之间展开核武器开发竞争的理由是相似的，未来势必将会出现人工智能武器的开发竞争。如同《终结者 2》中标志性的镜头一般，守护了施瓦辛格扮演的终结者的一定是另一个终结者。

就这样，人工智能技术将在毁灭人类和守护人类之间维系一个艰难的平衡。而这一平衡被打破的后果将会由创造了人工智能的人类智慧倾注在哪一边更多一点来决定。

决定人类未来最后审判的出发点将会是我们人类将智慧与睿智使用在善的一面还是恶的一面。

其结果是，如果我们将其用在恶的一面，那么我们人类的历史将在那时迎来终结。相反，如果我们能从善的出发点来规划这一切的话，人类就能够超越奇点生存下来，并将人类文明与未来连接。

重回乐园

两千年前的人们要在饥饿、疾病、战争、迫害、衰老等痛苦之中生存下去，比现在的我们困难得多。人们想要追问这些痛苦的原因，并且想要从痛苦中得到解脱，因而求助于信仰。

另一方面，我们的文明也将这些痛苦一点点削减。特别是 20 世纪的 100 年间发生的翻天覆地的变化，使得人均寿命增加到以前的两倍多，劳动时间减少到了以前的一半。日本新生儿的死亡率由7.9% 下降到了 0.1%。

库兹韦尔所描绘的 2045 年会是怎样我们并不清楚，但是如果在那不远的未来诞生超智能这一奇点，并且就像前一节所讲的那样，我们将最终得以从痛苦的生存当中得以解放。

即便到了 2030 年，我们也有理由相信人工智能将承担大部分的工作，起初以处理模型化的信息为主，但随着不断发展，也会渐渐承担起监视或与人对话这种有一定感情的信息处理工作，进而发展到能够承担现实生活中的体力劳动。

进而，包括人工智能本身在内的科学研究和开发、艺术、设计等创造性的活动中，人工智能都将逐渐发展成为凌驾于人类之上的存在。政治和经济的管理与运营方面，与其交给存在私心的人类来负责，不如也交给人工智能吧。这样，人们就从劳动中得以解放。

同时，我们的诞生和死亡也将不再是现在这样交由命运的安排，而将会变成人工智能管理下有序进行的生命活动。人类出生不仅可以通过自然的方法实现，同时还可以通过人工设计和合成的方式实现。

在这个世界上，人类就不再单单是作为一种单纯的生物存在了，随着身体与机器融合形成的生化人，以及人工智能进行模拟创造的数码克隆等技术的发展，人类与人工智能之间的界线将变得更加暧昧，我们有理由相信在这之间会有多种存在形式。

偶然性的死亡也将成为过去式，死亡将变成一种只有已经厌倦了活着的人才能拥有的东西。我们通过与人工智能的融合获得无限的能力，甚至是永生。但是真的到了那个时候，人们还会称自己是“人类”吗?

笔者在日常生活中感到厌倦和劳累的时候就会去登山。在全部由人创造的城市之中偶尔会感觉到窒息，就想被高远的天空、满山的绿色、鸟儿的鸣叫、昆虫的气息等包围。这或许是我们从遥远的38 亿年前祖先的记忆中，通过 DNA 重新被唤醒的诉求。对我们而言，鸟儿、昆虫和野兽的生存状态与人类相比，更加简单而纯净，那是因为它们的生存就是遵循着简单的目的进行的，生存下去并且繁衍后代。

偷食禁果为我们带来的是想象力的原罪。人工智能也将通过拥有想象未来的能力，将我们从自己描绘和展望未来的苦痛中解放出来。

在奇点到来后，从智慧的原罪中被解放的我们又将会做什么呢？一定会是吟诗、唱歌、享受美食与美酒，相互爱慕，静静感受生命的流淌。

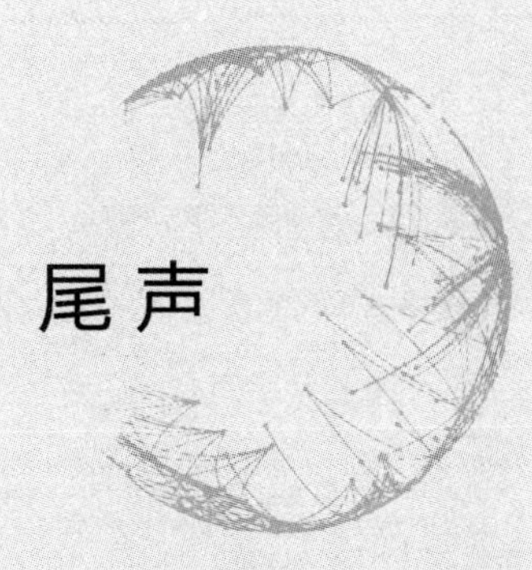

尾声

“下一个毕业论文答辩的是大岛玛丽同学。论文的题目是《人工智能开发史——从图灵到库兹韦尔》。玛丽同学准备好了吗？那么请开始。”

“好。”

我站在皮特投出的全息投影前，努力地想要把这段时间以来学习和研究的成果讲清楚。图灵创造出的万能计算机，随之产生的能够模仿人类的心的想法；提出电脑并非要代替人类，而是拓展人类能力的恩格尔巴特的思考；创造一个地球之脑的博纳·李爵士和创办了谷歌公司的人们的想法；乔布斯想让每个人都能使用电脑的想法；根据人脑的机制创造人工智能的欣顿的想法；在不远的将来奇点即将到来的库兹韦尔的想法。这之中的每一个人的想法在实现的路上都不是一帆风顺的，自己做的事情直至被所有人接受和认可为止，有时甚至要花费数十年的时间，即便如此他们也坚守着自己的信念。

“我自己在开始这次研究题目之前，甚至都没有听说过这些人的事情。但是，我们现在生活的这个世界，是他们这些人曾经幻想过的未来。技术的进步让世界的发展步伐越来越快。在不远的未来，我认为我们不会继续在历史的延长线上发展下去，而是有极大的可能发生一些非连续性的变化。我的论述到此结束，谢谢大家。”

“谢谢大岛同学的论述。那么在场的各位有什么问题想要探讨吗？——看起来好像是没有，那么我想提一个问题，到现代为止那部分的历史讲解得十分有趣。但是对于包括奇点在内对未来预测的部分，我的看法是可能已经不在历史学研究的范畴了，就这一点你是怎么看的呢？”

完了，这种事情我从来没想过啊。我正在思考怎么回答这个问题，坐在旁边的中岛教授拿起了话筒。

“我是大岛同学的指导教师，中岛。在历史研究中，我们要掌握历史变化中其本身本质的变化规律。大岛同学的研究，还远远不及这一水平，但是我认为其研究应用了与马克思相同的手法，以社会经济基础的技术史为切入点，能够与辩证唯物主义的系统相联系起来。”

“原来如此，确实是马克思运用辩证唯物主义构筑了实现共产主义革命的理论根据……”

主持的老师与中岛教授已经撇开了我开始讨论起来。结果我还没能插上一句话，问答的环节就结束了。

“那么，到此为止所有同学的答辩就结束了。现在由各位老师进行打分，请各位同学暂时退场。”

虽然在中岛教授的支持下总算是完成了答辩，但是究竟会得到一个怎样的评价呢？教授们一个接着一个从教室里走了出来。中岛教授朝我这边走过来，我紧张得心跳都加速了。

“玛丽，恭喜你啊，通过了。”

太好了，这样就确定可以毕业了！我激动得跳了起来。

“不就是毕业论文通过了吗，不至于高兴成这样吧？而且主持的老师说得也有道理，你又不是马克思，从历史看未来的这种尝试还是有些欠考虑了。”

“啊，我明白了，多亏了老师帮我解围，谢谢老师啦！”

“嗯，但从你定下题目开始，最终能顺利通过也是很满足了。工作之后还是要更上心一点啊！”

“好的，明白啦！”

这样一来我就真的从今年春天起成为一个职场丽人了。感觉肩上瞬间多了一些责任和重担。

“玛丽，力克打来的电话。”

因为上次打电话的时候说今天要答辩了，所以大概是来了解我怎么样了。这个时候还挺可爱的。

“玛丽，心情不错啊。毕业论文答辩还顺利吗？”

“是的！很顺利！从 4 月开始我就是一位职场女性了！”

“哈哈，恭喜你啊。之前还一直说完了完了的，可是结果还是好的。要不要去喝一杯庆祝一下？顺便我就之前皮特的事情向你赔罪啦！”

“好呀，我今天确实想去喝一杯庆祝一下的。”

那天晚上，我们去了新宿的咖啡酒吧。酒吧的 DJ 机器人播放了最近很火的嘻哈。原本我们像往常一样说着一些没什么营养的话题，但看着 DJ 机器人，力克突然换了一个话题。

“DJ 都由机器人来做了，这也就是最近的事儿吧。虽然在旧电影中经常会有人类在做 DJ 的镜头出现，这么一看还是人做得有爵士和节奏的感觉啊。”

“虽然人工智能已经发展到这个地步了，但是还有很多事情只有人类才能完成，有些感觉和韵味也是只有人类能够实现的。但是，我觉得这是因为技术还没发展到机器可以完全替代人的那一步。”

“这怎么说呢？那些东西根本就没有能够感受到爵士节奏感的心啊！”

“我觉得他们还是不懂这一点的。也就是说……”

我讲了关于加速回报定律以及根据这一定律发展超智能的可能性。同时，也说到了所有的现象当中都可能会产生心的这一个想法。喜欢科幻小说的力克加入到这一场思辨中。

“原来是这样啊。这简直就是终结者的世界啊。这样从理论上来讲倒是也说得通。但是连皮特和哈雷都是有心的，证明这一点也变得十分困难——您好，请再给我一杯一样的酒。”

“是啊，这就是一个比较困难的地方。从事这个研究的人们也无法直接拿出人的心来看看。听说只有对人和猴子的脑与神经活动进行检测，并且将之与这个人说的话或猴子的行为对应一下这种方法来调查了。”

“如果真能做到这样就好了。”

力克很罕见地一脸严肃地看着我的眼睛。“怎么了？别这样看着我啊！让我怪紧张的！”

“我还是认为人工智能是没有心的。我觉得有自己的梦想、喜欢一个人这样的感情还是只有人类才有的。”

这样说着，力克与皮特和哈雷交换了一下眼神。两个 A.I.D 离开了主人自己玩在了一起。虽然这只是一个为了不打扰人们交谈时事先设置的模式，但我的心情还是有些微妙。

是否会有一天，A.I.D 们也会谈恋爱，然后有了自己的家庭，有自己的孩子呢？我受不了这个尴尬的氛围，还是换了个话题。

“啊，4 月就要上班了，还有点期待。或许还会有一些新的相遇呢。”

“但是，玛丽你好不容易研究到这个地步了，结果却和工作完全没有关系啊！”

“唉，但是现在掌握一些人工智能相关的知识的人可是抢手货啊。就这么进入一个普通的职场还是觉得有点可惜了啊！”

我即将进入的职场还是有很多充满活力的人，运动社团出身的男生也很多。力克可能是不想让我去这样的地方工作吧。力克还真是一个简单的人啊，但是力克说的话一直在我脑海中挥之不去。

“玛丽，你好啊。好久没有亲眼见到你了。你比在全息投影里看起来要精神多了！”

3 月。我眼前的是好久没有见到的伊娃。是的，我以毕业旅行的名义来到罗马找她了。要是力克，肯定会提到奥黛丽·赫本的电影什么的。

我们约在圣彼得广场见面。以方形尖柱为中心，被巨型石柱所包围的广场真的是很壮观啊。

“壮观吧！这是一个名叫贝尔尼尼的雕刻艺术家设计的。贝尔尼尼在设计这个广场时，是从罗马斗兽场得到的灵感。这样既表达了对宗教的热情，又结合了运动的热情。”

伊娃确实对历史非常了解啊。我的人工智能之旅是从新国立体育馆也就是新宿开始的。拥有斗兽场的罗马作为这趟旅行的终点再合适不过了。

“是啊，很有压迫感，毕竟是世界基督教的大本营啊！啊，赶紧带我去我拜托你带我去的地方吧！”

“不不，好不容易来到了梵蒂冈，不要这么着急。要想去那里就要先去梵蒂冈美术馆，因为那里汇集了意大利引以为豪的名作，一定要好好看。”

就像伊娃所说的，梵蒂冈美术馆中的展品还是很不错的。从古代到近现代的基督教美术作品在这里汇集。米开朗琪罗、拉斐尔等连我这个外行都知道的画家的名作都能够看到。我们在走到目的地前已经有些累了。

“玛丽，快打起精神，就快到你想要去的地方了。”

我们走出美术馆，来到了旁边一个相对小一些的建筑物。进去之后我们来到了一个大房间——那里呈现的是米开朗琪罗创作的《创世记》的故事。光明与黑暗分开的状态；上帝向亚当吹进生气；偷食禁果和被驱逐出乐园；大洪水和挪亚的方舟；然后走向祭坛，头顶上描绘的是人们被天使与恶魔所包围，中间站着的是进行审判的基督。这便是米开朗琪罗的《最后的审判》。

“太美了……”

这才是我开始这段旅程的原因。虽然看到过照片，但是实际走在这个空间里的体验，会被那种庄严之感所压倒。

“这简直就像是古人创作的全息投影。”

“可能是这样的啊。曾经的人们虽然没有全息投影，但是还是希望能够用那个时代的方法来表达人们对于未来的幻想和虔诚信仰的心。这个教堂就是其中最典型的代表。”

我被震惊在那里。回过神来的时候发现脸颊流下了眼泪。

回到日本之后马上我就让皮特给本来要去工作的公司打电话了。

“您好！我是预定入职的大岛，我有些事情想和您谈一下，不知道近期能否安排一次面谈呢？好的……不是您想的那样……好的，那我们周二见。拜托您了。再见。”

挂了电话后，皮特略显不安地问我：

“玛丽，你打算做什么啊？你这么做的时候通常是比较危险的，皮特我是知道的。”

“没什么，只是我想清楚了一些事情。”

后来我又联系了力克。

“哈雷从皮特那里听说了。你要拒绝掉本来要去的公司是吗？”

“不是不去了，我和人事部的人商量一下，希望他们把我外派到人工智能方面的合作企业去。就像你之前说的那样，好不容易学习了这么多，如果做一些完全没有关系的事情总觉得太遗憾了。而且现在技术人才挣的钱比较多，和这样的人交往的话将来是不是比较安稳啊？”

“你到底在想些什么啊？等等，人工智能什么的我也可以学啊！”

“啊，要是这样的话，那我就考虑一下和你交往的事情喽。但是要是挣得没我多可不行啊。加油！”

力克好像还想说些什么，但是我已经把电话挂掉了。

看着皮特，我想到了我们降生在这个世界上的时候就是带着心的，带着一颗期望什么的心，一颗想象未来的心，一颗去爱别人的心。很快我们可能就不是这片土地上唯一拥有心的了。

带来这一转变的是由图灵开创的，围绕人工智能展开的历史故事。那是想象着未来并将这一想法变成现实的人们，历经一百年讲述的故事。人工智能最终实现的时候，等待着我们的究竟会是灭亡、救赎还是还未降临的审判？我想起了创造出个人电脑的另一个人——艾伦·凯的一句话：

“预测未来最好的方法就是自己将其创造出来。”

现在我们所想象的未来将会创造出我们的明天。

参考文献

全书:

『新・思考のための道具』ハワード・ラインゴールド著、日暮雅通訳（パーソナルメディア、2006）

『思想としてのパソコン』西垣通編著訳（NTT 出版、1997）

『メディアラボ』スチュアート・ブランド著、室謙二 / 麻生九美訳（福武書店、1988）

『ハッカーズ』スティーブン・レビー著、松田信子 / 古橋芳恵訳、（工学社、1987）

『パソコン創世「第 3 の神話」』ジョン・マルコフ著、服部桂訳（NTT 出版、2007）

『シンギュラリティは近い――人類ガ生命を超越するとき』レイ・カーツワイル著、井上健監訳 / 小野木明恵 / 野中香方子 / 福田実訳（NHK 出版、2012）

第 1 章:

「〈特異点〉とは何か?」ヴァーナー・ヴィンジ著、向井淳訳(「SF マガジン」2005 年 12 月号)

『チューリングの大聖堂——コンピュータの創造とデジタル世界の到来』ジョージ・ダイソン著、吉田三知世訳(早川書房、2013)

『ノイマン・ゲーデル・チューリング』高橋昌一郎著(筑摩書房、2014)

『〈不確実性と情報〉入門』金子郁容著(岩波書店、1990)

第 2 章:

『アラン・ケイ』アラン・ケイ著、鶴岡雄二訳(アスキー、1992)

『マッキントッシュ伝説』斎藤由多加著(アスキー、1996)

『マッキントッシュ物語——僕らを変えたコンピュータ』スティーブン・レヴィ著、武舎広幸訳(翔泳社、1994)

『未来を作った人々』マイケル・ヒルツィック著、鴨澤眞夫訳(毎日コミュニケーションズ、2001)

スタンフォード大学、MouseSite, http: //web.stanford.edu/dept/SUL/library/extra4/sloan/mousesite/1968Demo.html

『思考する機械コンピュータ』ダニエル・ヒリス著、倉骨彰訳(草思社、2014)

『心の社会』マーヴィン・ミンスキー著、安西祐一郎訳(産業

図書、1990)

『ミンスキー博士の脳の探検』マービン・ミンスキー著、竹林洋一訳（共立出版、2009)

『AI——人工知能のコンセプト』西垣通著（講談社、1988)

Steve Jobs, Stanford Commencement Speech, 2005

Apple Computer, 1984, 1984

第3章:

『Webの創成』ティム・バーナーズ・リー著、高橋徹訳（毎日コミュニケーションズ、2001)

『グーグル　ネット覇者の真実』スティーブン・レヴィ著、仲達志/池村千秋訳（cccメディアハウス、2011)

『第五の権力』エリック・シュミット/ジャレッド・コーエン著、櫻井祐子訳（ダイヤモンド社、2014)

David Leavitt, The Man Who Knew Too Much: Alan Turing and the Invention of the Computer, Phonenix, 2007

Internet Live Stats, http://www.internetlivestats.com/

『インターネット』村井純著（岩波書店、1995)

Google、会社情報、http://www.google.com/intl/ja_JP/about/conpany/

第4章:

『アラン・ケイ』アラン『歴史の終わり〈上〉〈下〉』フランシ

ス・フクヤマ著、渡部昇一訳（三笠書房、2005）

『スティーブ・ジョブズ〈I〉〈II〉』ウォルター・アイザックソン著、井口耕二訳（講談社、2011）

『iPodは何を変えたのか？』スティーブン・レヴィ著、上浦倫人訳（ソフトバンククリエイティブ、2007））

「Esquire」2003年7月号

『iモード事件』松永真理著（角川書店、2000）

『iモード・ストラテジー」夏野剛著（日経BPコンサルティング、2000）

『ケータイの未来』夏野剛著（ダイヤモンド社、2006）

『iモードの猛獣使い』榎啓一著（講談社、2015）

『考える脳考えるコンピューター』ジェフ・ホーキンス/サンドラ・ブレイクスリー著、伊藤文英訳（ランダムハウス講談社、2005）

Brian Lam, The Pope Says Worship Not False iDols: Save Us, Oh True Jesus Phone, http: //gizmodo.com/224143/the-pope-says-worship-not-false-idols-save-us-oh-true-jesus-phone

Apple Reports Record First Quarter Results, http: //www.apple.com/pr/Library/2015/01/27 Apple-Reports-Record-First-Quarter-Results.html

Martin Peers, Wall Street Journal, 2006年12月30日。

『レイダース/失われたアーク《聖櫃》』パラマウント映画（C—C、1981）

第5章:

『ダ・ヴィンチ・コード〈上〉〈中〉〈下〉』ダン・ブラウン著、越前敏弥訳（角川書店、2006）

『インディ・ジョーンズ/最後の聖戦』(パラマウント、1989)

『図説聖杯伝説』マルコム・ゴドウィン著、平野加代子/和田敦子訳（原書房、2010）

『アーサー王の死』トマス・マロリー/ウィリアム・キャクストン著、厨川圭子/厨川文夫訳（筑摩書房、1986）

Bianca Bosker SIRI RISING: The Inside Story Of Siri 's Origins-And Why She Could Overshadow The iPhone, http: //www.huffingtonpost.com/2013/01/22/siri-do-engine-apple-iphone_n_2499165.html

Didier Guzzoni, Charles Baur, Adam Cheyer, Modeling Human-Agent Interaction with Active Ontologies, AAAI Spring Symposium: Interaction Challenges for lnte lligent Assistants 2007

Adam Cheyer, Siri, back to the Future, https: //wit.AI/blog/2014/12/18/adam-keynote

『IBM奇跡の“ワトソン”プロジェクト』スティーヴン・ベイカー著、土屋政雄訳（早川書房、2011）

『The Next Technology 脳に迫る人工知能　最前線』日経コンピュータ編（日経BP社、2015）

Daniel Hernandez, Meet the Man Google Hired to Make AI a Reality, http: //www.wired.com/2014/01/geoffrey-hinton-deep-learning/

Daniel Hernandez, The Man Behind the Google Brain: Andrew Ng and the Quest for the New AI, http: //www. wired. com/2013/05/neuro-artificial-intelligence/

Daniel Hernandez, Facebook、s Quest to Build an Artificial Brain Depends on This Guy, http: //www. wired. com/2014/08/deep-learning-yann-lecun/

Robert McMillan, Siri Will Soon Understand You a Whole Lot Better, http: //www. wired. com/2014/06/siri_ai/

Robert McMillan, Google Hires Brains that Helped Supercharge Machine Learning, http: //www. wired. com/2013/03/google_hinton/

Kate Allen, How a Toronto professor's resesrch revolutionized artificial intelligence, http: //www. thestar. com/news/world/2015/04/17/how-a-toronto-professors-research-revolutionized-artificial-intelligence. html

Neil Tweedie, Letters remain the holy grail to code-breakers, http: //www. telegraph. co. uk/news/uknews/1477527/Letters-remain-the-holy-grail-to-code-breakers. html

Chuck Rosenberg, Improving Photo Search: A Step Across the Semantic Gap, http: //googleresearch. blogspot. jp/2013/06/improving-photo-search-step-across. html

『深層学習』岡谷貴之著（講談社、2015）

第6章:

『ツァラトゥストラかく語りき』フリードリヒ·W· ニーチェ著、佐々木中訳（河出文庫、2015）

『第七の封印』（東和、1957）

Strategy Analytics, "Connected World: The Internet of Things and Connected Devices in 2020," October 9th, 2014.

Hans Moravec, Mind Children, Harvard University Press, 1988.

Kevin Ashton, That 'Internet of Things' Thing. In: RFID Journal, 22 July 2009

Chris Urmson, The View from the Front Seat of the Google Self-Driving Car, http: //medium.com/backchannel/the-view-from-the-front-seat-of-the-google-self-driving-car-46fc9f3e6088#.meia8c5qa

Brandon BAlley, Amazon's new robot army is ready to ship, http: //bigstory.ap.org/article/440d755555d74964a11c3700710758f3/amazons-new-robot-army-ready-ship

ANGUS MADDISON, The World Economy, OECD, 2001

《ブルックスの知能ロボット論』ロドニー· ブルックス著、五味隆志訳（オーム社、2006）

『記号創発ロボティクス』谷口忠大著（講談社、2014）

『人工知能は人間を超えるか』松尾豊著（KADOKAWA/ 中経出版、2015）

『クラウドからAIへ』小林雅一著（朝日新聞出版、2013）

『AIの衝撃』小林雅一著（講談社、2015）

『データの見えざる手』矢野和男著（草思社、2014）

『NEXTWORLD』NHKスペシャル「NEXTWORLD」制作班著（NHK出版、2015）

『機械との競争』エリク・ブリニョルフソン/アンドリュー・マカフィー著、村井章子訳（日経BP社、2013）

『ザ・セカンド・マシン・エイジ』エリク・ブリニョルフソン/アンドリュー・マカフィー著、村井章子訳（日経BP社、2015）

『コンテキストの時代』ロバート・スコーブル/シェル・イスラエル著、滑川海彦/高橋信夫訳（日経BP社、2014）

『2052』ヨルゲン・ランダース著、野中香方子訳（日経BP社、2013）

『2050年の世界　英『エコノミスト』誌は予測する」英『エコノミスト』編集部著、東江一紀/峯村利哉訳（文藝春秋、2015）

『2030年　世界はこう変わる　アメリカ情報機関が分析した「17年後の未来」』米国国家情報会議著、谷町真珠訳（講談社、2013）

Stuart Ramsay, Exclusive: Inside IS Terror Weapons Lab, skyNEWS, heep: //news.sky.com/story/1617197/exclusive-inside-is-terror-weapons-lab

WMO, “2015Likely to be Warmest on Record, 2011-2015 Warmest Five Year Period”, http: //www.wmo.int/media/content/wmo-2015-

likely-be-warmest-record-2011-2015-warmest-five-year-period

UN, "2015 Revision of World Population Prospects", http://esa.un.org/unpd/wpp/

第7章:

『新世紀エヴァンゲリオン』(テレビ東京/NAS、1995—1996)

『意識する心』デイヴィッド·J·チャーマーズ著、林一訳(白揚社、2001)

『方法序説』デカルト著、谷川多佳子訳(岩波書店、1997)

『意識の探求——神経科学からのアプローチ(上)(下)』クリストフ·コッホ著、土谷尚嗣/金井良太訳(岩波書店、2006)

『意識はいつ生まれるのか』ジュリオ·トノーニ/マルチェッロ·マッスィミーニ著、花本知子訳(亜紀書房、2015)

『時間とは、幸せとは』通商産業省余暇開発室監、余暇開発センター編(通商産業調査会、1999)

国立社会保障·人口問題研究所「人口統計資料集(2015)」http://www.ipss.go.jp/syoushika/tohkei/Popular/P_Detail2015.asp?fname=T05-02.htm

『〈わたし〉はどこにあるのか分ガ:ザニガ脳科学講義』マイケル·S·ガザニガ著、藤井留美訳(紀伊國屋書店、2014)

『自己が心にやってくる』アントニオ·R·ダマシオ著、山形浩生訳(早川書房、2013)

『脳とクオリア—なぜ脳に心が生まれるのか」茂木健一郎著(日

本経済新聞出版社、1997)

『2045 年問題』松田卓也著（廣済堂出版、2012)

『人工知能人類最悪にして最後の発明』ジェイムズ・バラット著、水谷淳訳（ダイヤモンド社、2015)

『テクニウム』ケヴィン・ケリー著、服部桂訳（みすず書房、2014)

『フューチャー・オブ・マインド』ミチオ・カク著、斉藤隆央訳（NHK 出版、2015)

『ペンローズの〈量子脳〉理論』ロジャー・ペンローズ著、竹内薫 / 茂木健一郎訳（ちくま学芸文庫、2006)

『黙示録——イメージの源泉』岡田温司著（岩波書店、2014)

『心や意識は脳のどこにあるのか』ニコラス・ウェイド著、木挽裕美訳（翔泳社、1999)

The Guardian, Elon Musk: artificial intelligence is our biggest existential threst, 27 Oct. 2014

后记

决定写这样一本书的契机，是旧识的出版社代理人古屋壮太为我引荐了钻石社的市川有人先生。在智能手机普及之后，IT 技术又将通过物联网技术为这个世界带来巨大的改变。正是在这样的时候，才更需要一本总结 IT 技术，特别是电脑是从何处发展而来又会走向何处的书。

当时，笔者刚创办自己的公司一年多，虽然正是应该集中精力在公司的项目上的时候，但是作为一个到目前为止将人生的大部分都献给了 IT 事业的人，还是想将其发展的历程做一次梳理。

对出生于 20 世纪 80 年代的笔者而言，可以说人生都是伴随着 IT 发展而来的。还是一个小学生的时候，第一次接触到苹果电脑时的惊喜，第一次通过万维网听到了白宫的猫的叫声，第一次把苹果手机拿在手里时的兴奋，等等，现在还记忆犹新。

笔者并没有仅仅满足于接触到电脑等现成的产品，而是对究竟是谁将这样的产品开发出来产生了浓厚的兴趣。正如在本书中记述的一样，他们有自己的愿景，但很多时候得不到周围人的理解，在技术层面也遭遇重重困难，即便是这样，他们也没有放弃，最终将其产品完成并推向市场。表现他们经历的电视剧也有很多。

笔者本人，也在不知不觉间开始以开发手机应用、网上服务本身为生了。现在，IT 世界又在发生着新的模式转变，其中心就是人工智能，是像哆啦 A 梦和铁臂阿童木那样，看起来像普通人类一样理解、思考并付诸行动的机器。这是我们人类多年以来的梦想。包括笔者自身在内的整个 IT 业界的人们基本上都认为这是一个遥远的梦。

但是，我们在第 5 章讲述过的深度学习技术，为我们展示了人工智能实现与人类相同的智慧，甚至是人类智能以上的可能性。匹配图像和语音等内容的能力已经实现了。由此大部分的人已经相信之后人类的所有能力都存在实现的可能性。这之中，还出现了提倡奇点会到来的人们，也就是说人工智能存在大幅度超越人类智能的可能。

如果说，电脑是第一次工业革命中的蒸汽机的话，那么人工智能是与原子能发明相当的范式转变。如同本书讲到的一样，这将会在所有产业引起地震，并且甚至对安保领域也会带来决定性的影响。

作为一个 IT 行业的人，总会有这样的感觉，在互联网时代以后，日本企业几乎没有什么存在感。2015 年，创造出了个人电脑和智能手机的苹果公司，作为一个制造型企业市值已经达到了全世界第一。第二是谷歌公司。个人电脑、智能手机以及云端的基础技术都掌握在这些企业手中。

日本的 IT 相关企业手中没有一项能与之匹敌的基础技术。谷歌等公司将盈利的很大一部分都投入到了人工智能相关的研发当中，与此相反，日本对于人工智能研发的投资无论是官方还是民间企业都是十分有限的。这一投资的差距将在2030年玛丽和力克生活的世界各国经济实力对比中体现出来。

笔者有一个外甥，现在7岁。2030年，他也大学毕业了。他大学毕业后找工作的时候，我们将会给他提供一个什么样的社会呢？我是抱着这样的想法写下这本书的。

日本现在是世界上最发达的国家之一，接受高水平的教育并掌握了相应技能的人才有很多。我们从现在开始向人工智能进行投资并且进行研究开发，制造出优秀产品的话，笔者坚信现在还是来得及的。

2016年1月，于远东的一间很小的IT企业的共享办公室

儿玉哲彦